# BIM 技术及 Revit 建筑建模

王志臣　郭乃胜　主编

U0376305

中国建筑工业出版社

**图书在版编目(CIP)数据**

BIM 技术及 Revit 建筑建模/王志臣,郭乃胜主编. —北京:中国建筑工业出版社,2019.10

ISBN 978-7-112-24117-0

Ⅰ.①B… Ⅱ.①王… ②郭… Ⅲ.①建筑设计-计算机辅助设计-应用软件 Ⅳ.①TU201.4

中国版本图书馆 CIP 数据核字(2019)第 184255 号

责任编辑:封 毅 毕凤鸣 张瀛天
责任校对:姜小莲

## BIM 技术及 Revit 建筑建模

### 王志臣 郭乃胜 主编

\*

中国建筑工业出版社出版、发行(北京海淀三里河路 9 号)

各地新华书店、建筑书店经销

北京红光制版公司制版

北京建筑工业印刷厂印刷

\*

开本:787×1092 毫米 1/16 印张:14¾ 字数:303 千字

2019 年 11 月第一版 2019 年 11 月第一次印刷

定价:**48.00** 元

ISBN 978-7-112-24117-0

(34622)

# 编写人员名单

主　　编：王志臣　大连海事大学

郭乃胜　大连海事大学

副 主 编：何宏伟　哈尔滨剑桥学院

周晓冬　东北林业大学

王　双　哈尔滨剑桥学院

参编人员：王鹏飞　大连海事大学

郭　磊　哈尔滨剑桥学院

# 前　言

建筑信息模型（Building Information Modeling，简称 BIM）是建筑领域的新兴技术，近年来，该技术在我国逐渐推广并被应用于工程建设中。BIM 技术应用于工程项目的各个阶段，包括项目规划、勘察设计、施工、运营与维护等。在建筑物的全寿命周期内，通过 BIM 技术可以实现项目各个参与方基于同一建筑信息模型进行数据传递和共享，为项目全过程的方案优化和科学决策提供依据，为建筑业的多维度数据化管理、资本监控和节能环保创造有利条件。

经过数十年的发展，BIM 技术已成为推动建筑业创新式发展的重要手段，住房和城乡建设部、地方政府及建设主管部门先后下发文件推进 BIM 技术的应用，目前 BIM 技术已经成为建筑行业技术人员必须要掌握的工程技术之一。为了促进行业人员对于 BIM 技术的全面了解，掌握当前国内最常用的 BIM 建模软件 Revit 的建模应用技术，特编写本书。

本书首先对 BIM 技术进行了概述，让读者掌握 BIM 的概念、特点和优势，了解目前 BIM 技术的现状和相关软件。然后以 BIM 模型的创建为核心，讲解了使用 Revit 软件进行建模的方法和流程，并以学生浴池项目为案例，带领读者将建模方法和流程在实际工程案例中得到应用。受篇幅所限，本书重点对建筑和结构专业建模进行讲解，适合于从事建筑和结构专业技术人员参考学习。本书配有课后习题，并提供了 CAD 图纸、PPT 等电子资源，适合于作为本科和专科学生的 BIM 课程教材使用。

本书由大连海事大学王志臣和郭乃胜担任主编，第一章至第四章由大连海事大学郭乃胜编写；第五章至第十章由大连海事大学王志臣编写；第十一章由哈尔滨剑桥学院何宏伟编写；第十二章由哈尔滨剑桥学院王双编写；东北林业大学周晓冬参与了部分章节的编写，并提供了本书的案例模型资源，完成了本书电子资源的制作；大连海事大学王鹏飞和哈尔滨剑桥学院郭磊参与了部分章节的编写和校对。

本教材获得中央高校基本科研业务费专项基金项目资助，在此表示感谢。

本书在编写过程中，虽然经过反复斟酌和修改，但是由于编者水平有限，书中难免存在不妥之处，恳请广大读者批评指正，欢迎通过以下邮箱和我们联系：bjmjs2019@126.com。

编者

2019 年 7 月 15 日

# 目　　录

# 第1章 BIM 技术概述

【导读】

本章主要从 BIM 的概念、特点、发展现状和软件体系出发，对 BIM 技术做了详细概述。

第 1 节介绍了 BIM 的概念，包括 BIM 的提出和定义。

第 2 节介绍了 BIM 技术的主要特点和优势，包括可视化、协调性、模拟性、优化性、可出图性等。

第 3 节介绍了 BIM 在国内外的发展和应用现状。

第 4 节介绍了 BIM 的软件体系，包括 BIM 软件的分类，并重点对国内常用的 BIM 建模软件 Revit 的优势进行了分析。

## 1.1 BIM 的概念

### 1.1.1 BIM 的提出

BIM 是 Building Information Modeling 的首字母缩写，翻译中文为建筑信息模型。BIM 是以建筑工程项目的各项相关信息数据作为基础，建立起三维的建筑模型，通过数字信息仿真模拟建筑物所具有的真实信息。

这项技术被称之为建筑业"革命性"的技术，源于美国乔治亚技术学院建筑与计算机学院的 Chuck Eastman（伊斯特曼）教授提出的一个概念：建筑信息模型包含了不同专业的所有信息、功能要求和性能，把一个工程项目的所有信息包括在设计过程、施工过程、运营管理过程的信息全部整合到一个建筑模型中，如图 1.1-1 所示。

匈牙利的 Graphisoft 公司在 1987 年提出了虚拟建筑的概

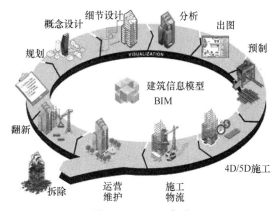

图 1.1-1 BIM 集成

念，直到 1997 年美国 Revit 软件诞生，BIM 这个专业术语才正式问世。经过二十余年的发展，BIM 已从星火到燎原，一场由 BIM 引发的建筑行业脱胎换骨的技术性革命正在进行。

## 1.1.2　BIM 的定义

美国国家 BIM 标准（NBIMS）对 BIM 做出了比较全面的定义，包含三个方面：

（1）将 BIM 视为 Building Information Model，定义为"设施的物理和功能特性的一种数字化表达"。

（2）将 BIM 视为 Building Information Modeling，定义为"一个建立设施电子模型的行为，其目标为可视化、工程分析、冲突分析、规范标准检查、工程造价、竣工产品、预算编制和许多其他用途"。此定义更多的是从 BIM 应用角度出发，强调建立模型这一过程行为。

（3）将 BIM 视为 Building Information Management，其含义为提高质量和效率的工作及通信的业务结构。

BIM 的三种含义虽各有侧重，却又相辅相成。BIM 模型（Model）提供了共享的信息资源，为 BIM 建模（Modeling）和建筑信息管理（Management）打下了基础；BIM 建模（Modeling）是 BIM 工作的核心，是一个不断完善应用信息的过程；建筑信息管理（Management）为 BIM 建模提供了有效的管理环境，是 BIM 建模工作实施的前提保证；建筑一体化管理（Building Intergration Management）则是前三者发展到一定阶段与工业化结合的产物。但无论侧重于哪一点，BIM 最核心的是"信息"，没有信息，就没有 BIM。

# 1.2　BIM 的特点和优势

## 1.2.1　BIM 的主要特点

BIM 是以从设计、施工到运营协调、项目信息为基础而构建的集成流程，通过使用 BIM 可以在整个流程中将统一的信息创新、设计和绘制出项目，还可以通过真实性模拟和建筑可视化来更好地沟通，以便让项目各方了解工期、现场实时情况、成本和环境影响等项目基本信息。它具有如下特点：

**1. 可视化**

即所见即所得，在 BIM 建筑信息模型中，由于整个过程都是可视化的，所以可视的效果不仅可以作为效果图的展示及报表的生成，更重要的是项目设计、建造、运营过程中的沟通、讨论、决策都可以在可视化状态下进行。模拟三维立体实物可使项目在设计、建造、运营等整个建设过程可视化，方便沟通、讨论和决策（图 1.2-1）。

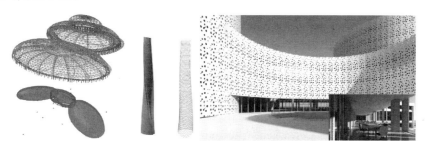

图 1.2-1　建筑设计可视化

**2. 协调性**

协调各专业项目信息，避免出现"不兼容"现象。如管道与结构冲突（图 1.2-2），各个房间出现冷热不均，应预留的洞口未预留或尺寸不对等情况，使用效果的 BIM 协调流程进行协调、综合，尽量避免方案出现问题或方案变更。基于 BIM 技术的三维设计软件在项目紧张的管线设计周期里，能提供与各个系统专业有效沟通的平台，更好地满足工程需求，提高设计品质。

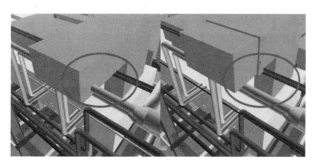

图 1.2-2　碰撞检查协调

**3. 模拟性**

利用 4D 施工模拟相关软件，根据施工组织安排进度计划，在已经搭建好的模型的基础上加上时间维度，分专业制作可视化进度计划，即四维施工模拟。一方面，可以知道施工现场的情况。另一方面，为建设、管理单位提供非常直观的可视化进度控制管理依据。

4D 模拟可以使建筑的建造顺序清晰、工程量明确，把 BIM 模型与工期联系起来，直观地体现施工的界面、顺序、从而使各专业施工协调变得清晰明了，通过四维施工模拟与施工组织方案的结合，能够使设备材料进场、劳动力分配、机械排班等各项工作的安排变得最为经济、有效。

在施工过程中，还可以将 BIM 技术与数码设备结合，以数字化的监控模式，更有效地管理施工现场，监控施工质量，使工程项目的远程管理成为可能，项目各参与人的负责人能够在第一时间了解现场的实际情况（图 1.2-3）。

图 1.2-3　性能和施工模拟

### 4. 优化性

整个设计、施工、运营的过程就是一个不断优化的过程，当然优化和 BIM 也不存在实质性的必然联系，但在 BIM 的基础上可以做更好的优化、更好地做优化。优化受三种条件的制约——信息、复杂程度和时间，没有准确的信息做不出合理的优化结果。

BIM 模型提供了建筑物实际存在的信息，包括几何信息、物理信息、规则信息，还提供了建筑物变更以后的实际存在信息。

复杂程度高到一定程度，参与人员本身的能力无法掌握所有的信息，必须借助一定的科学技术和设备的帮助。现代建筑物的复杂程度大多超过参与人员本身的能力极限，BIM 及与其配套的各种优化工具提供了对复杂项目进行优化的可能（图 1.2-4）。

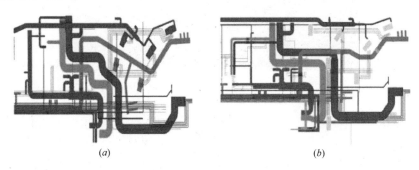

(a)　　　　　　　　　　　　　　　　　(b)

图 1.2-4　管道综合优化
(a) 原始模型；(b) 优化模型

基于 BIM 的优化可以做下面的工作：

（1）项目方案优化

把项目设计和投资回报分析结合起来，设计变化对投资回报的影响可以实时计算出来，这样业主对设计方案的选择就不会主要停留在对形状的评价上，而更多地可以使得业主知道哪种项目设计方案更有利于自身的需求。

（2）特殊项目的设计优化

裙楼、幕墙、屋顶、大空间等建筑中到处可以看到异型设计，这些内容看起来占整个建筑的比例不大，但是占投资和工作量的比例和前者相比却往往要大得多，而且通常也是施工难度比较大和施工问题比较多的地方，对这些内容的设计施工方案进行优化，可以带来显著的工期和造价改进。

**5. 可出图性**

运用BIM技术，除了能够进行建筑平、立、剖及详图的输出外，还可以出碰撞报告及构件加工图等。通过将建筑、结构、电气、给水排水、暖通等专业的BIM模型整合后，进行管线碰撞检测，可以出综合管线图、综合结构留洞图、碰撞检查报告和建议改进方案。

通过BIM模型对建筑构件的信息化表达，可在BIM模型上直接生成构件加工图，不仅能清楚地传达传统图纸的二维关系，而且对于复杂的空间剖面关系也可以清楚表达，同时还能够将离散的二维图纸信息集中到一个模型当中，这样的模型能够更加紧密地实现与预制工厂的协同和对接（图1.2-5）。

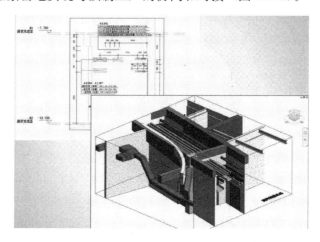

图1.2-5 应用BIM软件出三维图纸

在生产加工过程中，BIM信息化技术可以直观地表达出配筋的空间关系和各种参与情况，能自动生成构件下料单、派工单、模具规格参数等生产表单，并且能通过可视模拟直观表达，帮助工人更好地理解设计意图，可以形成BIM生产模拟动画、流程图、说明图等辅助培训的材料，有助于提高工人生产的准确性和质量效率。

借助工厂化、机械化的生产方式，采用集中、大型的生产设备，将BIM信息数据输入设备，就可以实现机械的自动化生产，这种数字化建造的方式可以大大提高工作效率和生产质量。

**6. 一体化**

一体化指的是基于BIM技术可进行从设计到施工再到运营，贯穿了工程项目的全生命周期的一体化管理。BIM 的技术核心是一个由计算机三维模型所形成的数据库，不仅包含了建筑师的设计信息，而且可以容纳从设计到建成使用，甚至是使用周期终结的全过程全协调。BIM 能在综合数字环境中保持信息不断更新并可提供访问，使建筑师、工程师、施工人员以及业主可以清楚全面地了解项目。这些信息在建筑设计、施工和管理的过程中能使项目质量提高、收益增加。BIM 的应用不仅仅局限于设计阶段，而是贯穿于整个项目全生命周期的各个阶段。BIM 在整个建筑行业从上游到下游的各个企业间不断完善从而实现项目全生命周期的信息化管理，最大化地实现 BIM 的意义。

在设计阶段，BIM 使建筑、结构、给水排水、空调、电气等各个专业基于同一个模型进行工作，从而使真正意义上的三维集成协同设计成为可能。将整个设计整合到一个共同的三维模型中随意查看，并能准确查看到可能存在问题的地方，并及时调整，从而极大避免了施工中的浪费。这在极大程度上促进设计施工的一体化过程。在施工阶段，BIM 可以同步提供有关建筑质量、进度以及成本的信息。利用 BIM 可以实现整个施工周期的可视化模拟与可视化管理。帮助施工人员促进建筑的量化，迅速为业主制定展示场地使用情况或更新调整情况的规划，提高文档质量，改善施工规划最终结果就是能将业主更多的施工资金投入建筑，而不是行政和管理中。此外，BIM 还能在运营管理阶段提高收益和成本管理水平，为开发商销售招商和业主购房提供了极大的透明和便利。BIM 这场革命，对于工程建设设计施工一体化各个环节，必将产生深远的影响。这项技术已经可以清楚地表明其在协调方面的设计，缩短设计与施工时间，显著降低成本，改善工作场所安全和可持续的建筑项目所带来的整体利益。

**7. 参数化**

参数化建模指的是通过参数，而不是数字建立和分析模型，简单地改变模型中的参数值就能建立和分析新的模型。

BIM 的参数化设计分为两个部分："参数化图元"和"参数化修改引擎"。"参数化图元"指的是 BIM 中的图元是以构件的形式出现，这些构件之间的不同，是通过参数的调整反映出来的，参数保存了图元作为数字化建筑构件的所有信息。"参数化修改引擎"指的是参数更改技术使用户对建筑设计或文档部分作的任何改动，都可以自动地在其他相关联的部分反映出来。在参数化设计系统中，设计人员根据工程关系和几何关系来指定设计要求。参数化设计的本质是在可变参数的作用下，系统能够自动维护所有的不变参数。因参数化模型中建立的各种约束关系，正是体现了设计人员的设计意图。参数化设计可以大大提高模型的生成和修改速度。

**8. 信息完备性**

信息完备性体现在 BIM 技术可对工程对象进行 3D 几何信息和拓扑关系的描述以及完整的工程信息描述，如对象名称、结构类型、建筑材料、工程性能等设计信息；工序、进度、成本、质量以及人力、机械、材料资源等施工信息。工程安全性能、材料性能等维护信息，对象之间的工程逻辑关系等。一方面，通过建立数字化的模型和工作流程，使设计过程变得可视化、可模拟和可分析计算，实现各个专业之间的信息综合利用，提高建筑信息的复用率。另一方面，由于 BIM 模型包含了建筑构件、设备的全部信息，能为项目的概算提供了数据支持，提高了效率和精度，同时又为业主进行成本控制和后期运营维护提供有价值的参考意见。

**9. 信息关联性**

信息模型中的对象是可识别且相互关联的，系统能够对模型的信息进行统计和分析，并生成相应的图形和文档。如果模型中的某个对象发生变化，与之关联的所有对象都会随之更新，以保持模型的完整性。关联性设计不仅提高设计的效率、减少图纸修改的工作量，而且解决了图纸之间长期存在的错误和遗漏问题。

**10. 信息一致性**

在建筑生命期的不同阶段模型信息是一致的，同一信息无需重复输入，而且信息模型能够自动变化，模型对象在不同阶段可以简单地进行修改和扩展而无需重新创建，避免了信息不一致的错误。

## 1.2.2　BIM 的主要优势

CAD 技术将建筑师、工程师们从手工绘图推向计算机辅助制图，实现了工程设计领域的第一次信息革命。但是此信息技术对产业链的支撑作用是断点的，各个领域和环节之间没有关联，从整个产业整体来看，信息化的综合应用明显不足。

BIM 是一种技术、一种方法、一种过程，它既包括建筑物全生命周期的信息模型，同时又包括建筑工程管理行为的模型，它将两者进行完美的结合来实现集成管理，它的出现将可能引发整个建筑领域的第二次革命（图 1.2-6）。

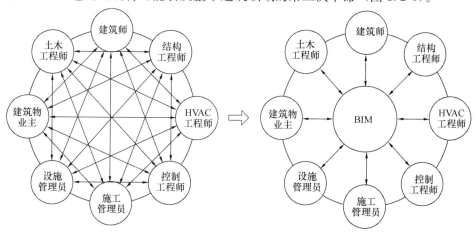

图 1.2-6　CAD 与 BIM 协同工作的区别

20 世纪 80 年代，CAD 已经基本代替传统的手绘制图，这给建筑行业带来了极大的便利。但是它也只是简单意义的绘图工具，无法成为智能的设计工具。BIM 是继 CAD 之后的新技术，BIM 在 CAD 的基础上扩展更多的软件程序，如工程造价、进度安排等。此外 BIM 还蕴藏着服务于设备管理等方面的潜能，BIM 技术与传统的二维 CAD 的技术主要区别如下：

（1）CAD 技术以点、线、面等无专业意义的二维或三维几何图形来表达设计意图。而 BIM 技术的基本元素则是墙、窗、门等不单具有几何特性，同时还具有建筑物理特征和功能特征的构件。

（2）CAD 技术如果想调整门或窗的大小，需要再次画图，或者通过拉伸命令调整大小。而 BIM 技术则将建筑构件参数化，附有建筑属性，在"族"的概念下，只需要更改属性，就可以调节构件的尺寸、样式、颜色、材质等。

（3）CAD 技术表达的各个建筑元素间没有相关性，而 BIM 技术中的各个构件具有相互关联属性，如删除一面墙，墙上的窗和门将自动删除；删除一扇窗。墙上将会自动恢复为完整的墙。

（4）CAD 软件在平面上进行一次修改，则其他各面都需要进行人工修改，如果操作不当，会出现不同角度视图不一致的低级错误。而 BIM 技术进行一次修改，则平面、立面、剖面、三维视图、明细表等都自动进行相关修改，实现一处改动、处处改动。

（5）CAD 技术提供的建筑信息非常有限，它只是将纸质图纸电子化，不具备专业知识的人是无法看懂图纸的。而 BIM 技术包含了建筑的全部信息，不仅可以提供形象可视的二维和三维图纸，而且还可以提供工程量清单、施工管理、区域建造、造价预算等更加丰富的信息。便于项目各个部门的相互沟通，协同工作。

鉴于 BIM 技术较 CAD 技术具有如表 1.2-1 所示的种种优势，无疑给工程建设各方带来巨大的益处。

**BIM 技术对建设各方的好处**　　　　　　　　　　表 1.2-1

| 应用方 | 应用 BIM 技术的好处 |
| --- | --- |
| 业主 | 实现规划方案预演、场地分析、建筑性能预测和成本估算 |
| 设计单位 | 实现可视化设计、协调设计、性能化设计、工程量统计和管线综合 |
| 施工单位 | 实现施工进度模拟、数字化建造、物流跟踪、可视化管理和施工配合 |
| 运营维护单位 | 实现虚拟现实和漫游、资产空间等管理、建筑系统分析和灾害应急模拟 |
| 软件商 | 软件的用户数量和销售价格迅速增长 |
| | 为满足项目各方提出的各种需求，不断开发、完善软件的功能 |
| | 能从软件后续升级和技术支持中获得收益 |

## 1.3　BIM 的发展与应用现状

### 1.3.1　BIM 在国外的发展与应用

**1. BIM 在美国的发展**

美国是最早推广 BIM 应用的国家，也是最早出台 BIM 标准的国家，发展到今天，其 BIM 的应用已经走到世界前列，各大设计事务所、施工公司和业主纷纷主动在项目中应用 BIM。

关于美国 BIM 的发展，不得不提到几大 BIM 的相关机构。美国总务署（General Service Administration，GSA）负责美国所有的联邦设施的建造和运营。早在 2003 年，为了提高建筑领域的生产效率、提升建筑业信息化水平，GSA 下属的公共建筑服务（Public Building Service）部门推出了全国 3D-4D-BIM 计划。3D-4D-BIM 计划的目标是为所有对 3D-4D-BIM 技术感兴趣的项目团队提供"一站式"服务，虽然每个项目功能、特点各异，GSA 将帮助每个项目团队提供独特的战略建议与技术支持，目前 GSA 已经协助和支持了超过 100 个项目。在美国，GSA 在工程建设行业技术会议如 AIA-TAP 等都十分活跃，GSA 项目也常被提名为年度 AIA BIM 大奖。因此，GSA 对 BIM 的强大宣贯直接影响并提升了美国整个工程建设行业对 BIM 的应用。

美国陆军工程兵团（the U. S. Army Corps of Engineers，USACE）隶属于美国联邦政府和美国军队，为美国军队提供项目管理和施工管理服务，是世界最大的公共工程、设计和建筑管理机构。2006 年 10 月初期，USACE 发布了为期 15 年的 BIM 发展路线规划，为 USACE 采用和实施 BIM 技术制定战略规划，以提升规划、设计和施工质量和效率，规划中，USACE 承诺未来所有军事建筑项目都将使用 BIM 技术。

buildingSMART 联盟（buildingSMART alliance，bSa）是美国建筑科学研究院在信息资源和技术领域的一个专业委员会，bSa 致力于 BIM 的推广与研究，使项目所有参与者在项目生命周期阶段都能共享准确的项目信息。BIM 通过收集和共享项目信息与数据，可以有效地节约成本、减少浪费。因此，美国 bSa 的目标是在 2020 年之前，帮助建设部门节约 31％的浪费或者节约 4 亿美元。

bSa 下属的美国国家 BIM 标准项目委员会是专门负责美国国家 BIM 标准（National Building Information Model Standard，NBIMS）的研究与制定。主要包括信息的交换和过程开发等方面，明确了 BIM 过程和工具的各方定义、互相之间的数据交换要求的明细和编码，更好地实现协同。

**2. BIM 在英国的发展**

与大多数国家不同，英国政府要求强制使用 BIM。2011 年 5 月，英自内阁办公室发布了政府建设战略文件，明确要求：到 2016 年，政府要求全面协同的 3D·BIM，并将全部的文件以信息化管理。

2010 年、2011 年英国 NBS 组织了全英的 BIM 调研，从网上 1000 份调研问卷中最终统计出英国的 BIM 应用状况。从统计结果可以发现：2010 年，仅有 13% 的人在使用 BIM，而 43% 的人从未听说过 BIM；2011 年，有 31% 的人在使用 BIM，48% 的人听说过 BIM，而 21% 的人对 BIM 一无所知。还可以看出，BIM 在英国的推广趋势十分明显，调查中有 78% 的人同意 BIM 是未来趋势，同时有 94% 的受访人表示会在 5 年之内应用 BIM。

政府要求强制使用 BIM 的文件得到了英国建筑业 BIM 标准委员会的支持。迄今为止，英国建筑业 BIM 标准委员会已发布了英国建筑 BIM 标准、适用于 Revit 的英国建筑业 BIM 标准、适用于 Bentley 的英国建筑业 BIM 标准，并还在制定适用于 ArchiCAD、Vectorworks 的 BIM 标准，这些标准的制定为英国的 AEC 企业从 CAD 过渡到 BIM 提供了切实可行的方案和程序。

伦敦是众多全球领先设计企业的总部，如 Foster and Partners、Zaha Hadid Architects、BDP 和 Arup Sports；也是很多领先设计企业的欧洲总部，如 HOK、SOM 和 Gensler。在这样环境下，其政府发布的强制使用 BIM 文件可以得到有效执行。因此，英国的 BIM 应用处于领先水平，发展速度更快。

### 3. BIM 在澳大利亚的发展

澳大利亚制定了国家 BIM 行动方案，2012 年 6 月，澳大利亚 buildingSMART 组织发布了《国家 BIM 行动方案》。该行动方案制定了按优先级排序的"国家 BIM 蓝图"，并有研究数据指出：工程建设行业加快普及应用 BIM，可以提高 6%~9% 的生产效率。

2016 年 2 月，澳大利亚基础设施建设局正式公布了未来 15 年的基础设施发展战略——《澳大利亚基础设施规划》，BIM 是规划中的一大亮点，被建议来"推动战略性的和完整性的规划"，并作为一种"追求最佳和支付实践的方法"。

### 4. BIM 在新加坡的发展

在 BIM 这一术语引进之前，新加坡当局就注意到信息技术对建筑业的重要作用。早在 1982 年，"建筑管理署"（BCA）就有了人工智能规划审批的想法，2000~2004 年，发展 CORENET 项目，用于电子规划的自动审批和在线提交，是世界首创的自动化审批系统。2011 年，BCA 发布了新加坡 BIM 发展路线规划，规划明确推动整个建筑业在 2015 年前广泛使用 BIM 技术。为了实现这一目标，BCA 分析了面临的挑战，并制定了相关策略。

为了鼓励早期的 BIM 应用者，BCA 为新加坡的部分注册公司成立了 BIM 基金，鼓励企业在建筑项目上把 BIM 技术纳入其工作流程，并运用在实际项目中。BIM 基金有以下用途：支持企业建立 BIM 模型，提高分析和管理项目文件能力；支持项目改善重要业务流程，如在招标或者施工前使用 BIM 来冲突检测，达到减少工程返工量（低于 10％）的效果，提高生产效率 10％。每家企业可申请总经费不超过 10.5 万新加坡元，涵盖大范围的费用支出，如培训成本、咨询成本、购买 BIM 硬件和软件等。基金分为企业层级和项目协作层级，公司层级最多可申请 2 万新元，用以补贴培训、软件、硬件及人工成本；项目协作层级需要至少 2 家公司的 BIM 协作，每家公司、每个主要专业最多可申请 3.5 万新元，用以补贴培训、咨询、软件及硬件和人力成本。申请的企业必须派员工参加 BCA 学院组织的 BIM 建模或管理技能课程。

在创造需求方面，新加坡政府部门带头在所有新建项目中明确提出 BIM 需求。2011 年，BCA 与一些政府部门合作确立了示范项目。BCA 将强制要求提交建筑 BIM 模型、结构与机电 BIM 模型，并且最终在 2015 年前实现所有建筑面积大于 5000 平方米的项目都必须提交 BIM 模型的目标。在建立 BIM 能力与产量方面，BCA 鼓励新加坡的大学开设 BIM 的课程、为毕业学生组织密集的 BIM 培训课程、为行业专业人士建立了 BIM 专业学位。

**5. BIM 在北欧的发展**

北欧国家如挪威、丹麦、瑞典和芬兰，是一些主要建筑业信息技术的软件厂商所在地，因此，这些国家是全球最先一批采用基于模型的设计的国家，也在推动建筑信息技术的互用性和开放标准。北欧国家冬天漫长多雪，使得建筑的预制化非常重要，这也促进了包含丰富数据、基于模型的 BIM 技术的发展，并导致了这些国家较早地进行了 BIM 的部署。

北欧四国政府并未强制要求全部使用 BIM，由于当地气候的要求以及先进建筑信息技术软件的推动，BIM 技术的发展主要是企业的自觉行为。如 2007 年，Senate Properties 发布了一份建筑设计的 BIM 要求。自 2007 年 10 月 1 日起，Senate Properties 的项目仅强制要求建筑设计部分使用 BIM，其他设计部分可根据项目情况自行决定是否采用 BIM 技术，但目标将是全面使用 BIM。该要求还提出，在设计招标将有强制的 BIM 要求，这些 BIM 要求将成为项目合同的一部分，具有法律约束力；建议在项目协作时，建模任务需创建通用的视图，需要准确的定义；需要提交最终 BIM 模型，且建筑结构与模型内部的碰撞需要进行存档；建模流程分为四个阶段——Spatial Group BIM、Spatial BIM、Preliminary Building Element BIM 和 Building Element BIM。

**6. BIM 在日本的发展**

在日本，有 2009 年是日本的 BIM 元年之说，大量的日本设计公司、施工企业开始应用 BIM，而日本国土交通省也在 2010 年 3 月表示，已选择一项政府建设项目作为试点，探索 BIM 在设计可视化、信息整合方面的价值及实施流程。

2010 年，调研了 517 位设计院、施工企业及相关建筑行业从业人士，了解他们对于 BIM 的认知度与应用情况。结果显示，BIM 的知晓度从 2007 年的 30％提高至 2010 年的 76％。2008 年的调研显示，采用 BIM 的最主要原因是

BIM 绝佳的展示效果，而 2010 年人们采用 BIM 主要用于提升工作效率，仅有 7％的业主要求施工企业应用 BIM，这也表明日本企业应用 BIM 更多是企业的自身选择与需求。日本 38％的施工企业已经用 BIM 了，在这些企业当中近 90％是在 2009 年之前开始实施的。

日本 BIM 相关软件厂商认识到，BIM 是需要多个软件来互相配合，是数据集成的前提，因此多家日本 BIM 软件商在 IAI 日本分会的支持下，以福井计算机株式会社为主导，成立了日本国产解决方案软件联盟。此外，日本建筑学会于 2012 年 7 月发布了日本 BIM 指南，从 BIM 团队建设、BIM 数据处理、BIM 设计流程、应用 BIM 进行预模拟等方面为日本的设计院和施工企业应用 BIM 提供了指导。

**7. BIM 在韩国的发展**

韩国在运用 BIM 技术上十分领先，多个政府部门都致力制定 BIM 的标准。2010 年 4 月，韩国公共采购服务中心（PPS）发布了 BIM 路线图，内容包括：2010 年，在 1～2 个大型工程项目应用 BIM；2011 年，在 3～4 个大型工程项目应用 BIM；2012～2015 年，超过 60 亿韩元大型工程项目都采用 4D·BIM 技术（3D＋成本管理）；2016 年前，全部公共工程应用 BIM 技术。2010 年 12 月，PPS 发布《设施管理 BIM 应用指南》，针对设计、施工图设计、施工等阶段中的 BIM 应用进行指导，并于 2012 年 4 月对其进行了更新。

2010 年 1 月，韩国国土交通海洋部发布了《建筑领域 BIM 应用指南》，该指南为开发商、建筑师和工程师在申请四大行政部门、16 个都市以及 6 个公共机构的项目时，提供采用 BIM 技术时必须注意的方法及要素的指导。指南应该能在公共项目中系统地实施 BIM，同时也为企业建立实用的 BIM 实施标准。

## 1.3.2　BIM 在我国的发展与应用

近年来 BIM 在国内建筑业形成一股热潮，除了前期软件厂商的大声呼吁外，政府相关单位、各行业协会与专家、设计单位、施工企业、科研院校等也开始重视并推广 BIM。2010 年与 2011 年，中国房地产协会商业地产专业委员会、中国建筑业协会工程建设质量管理分会、中国建筑学会工程管理研究分会、中国土木工程学会计算机应用分会组织并发布了《中国商业地产 BIM 应用研究报告 2010》和《中国工程建设 BIM 应用研究报告 2011》，一定程度上反映了 BIM 在我国工程建设行业的发展现状。根据两届的报告，关于 BIM 的知晓程度从 2010 年的 60％提升至 2011 年的 87％。2011 年，共有 39％的单位表示已经使用了 BIM 相关软件，而其中以设计单位居多。

2011 年 5 月，住房城乡建设部发布的《2011－2015 年建筑业信息化发展纲要》中，明确指出：在施工阶段开展 BIM 技术的研究与应用，推进 BIM 技术从设计阶段向施工阶段的应用延伸，降低信息传递过程中的衰减；研究基于 BIM

技术的 4D 项目管理信息系统在大型复杂工程施工过程的应用，实现对建筑工程有效的可视化管理等。这拉开了 BIM 在中国应用的序幕。

2012 年 1 月，住房城乡建设部《关于印发 2012 年工程建设标准规范制订修订计划的通知》宣告了中国 BIM 标准制定工作的正式启动，其中包含五项 BIM 相关标准：《建筑工程信息模型应用统一标准》《建筑工程信息模型存储标准》《建筑工程设计信息模型交付标准》《建筑工程设计信息模型分类和编码标准》《制造工业工程设计信息模型应用标准》。其中《建筑工程信息模型应用统一标准》的编制采取"千人千标准"的模式，邀请行业内相关软件厂商、设计院、施工单位、科研院所等近百家单位参与标准研究项目、课题、子课题的研究。至此，工程建设行业的 BIM 热度日益高涨。

2013 年，住房城乡建设部发布《关于征求关于推荐 BIM 技术在建筑领域应用的指导意见（征求意见稿）意见的函》，征求意见稿中明确，2016 年以前政府投资的 2 万平方米以上大型公共建筑以及省报绿色建筑项目的设计、施工采用 BIM 技术；截至 2020 年，完善 BIM 技术应用标准、实施指南，形成 BIM 技术应用标准和政策体系。

2014 年，各地方政府关于 BIM 的讨论与关注更加活跃，上海、北京、广东、山东、陕西等各地区相继出台了各类具体的政策推动和指导 BIM 的应用与发展。

2015 年，住房城乡建设部《关于推进建筑信息模型应用的指导意见》中，明确发展目标：到 2020 年末，建筑行业甲级勘察、设计单位以及特级、一级房屋建筑工程施工企业应掌握并实现 BIM 与企业管理系统和其他信息技术的一体化集成应用。

2016 年，《2016-2020 年建筑业信息化发展纲要》，加快 BIM 普及应用，实现勘察设计技术升级。推广基于 BIM 的协同设计，开展多专业间的数据共享和协同，优化设计流程，提高设计质量和效率。研究开发基于 BIM 的集成设计系统及协同工作系统，实现建筑、结构等专业的信息集成与共享。

2017 年，国务院办公厅印发《关于促进建筑业持续健康发展的意见》，要加强技术研发应用。加快先进建造设备、智能设备的研发、制造和推广应用，提升各类施工机具的性能和效率，提高机械化施工程度。限制和淘汰落后、危险工艺工法，保障生产施工安全。积极支持建筑业科研工作，大幅提高技术创新对产业发展的贡献率。加快推进建筑信息模型（BIM）技术在规划、勘察、设计、施工和运营维护全过程的集成应用，实现工程建设项目全生命周期数据共享和信息化管理，为项目方案优化和科学决策提供依据，促进建筑业提质增效。

2018 年，住房城乡建设部发布《城市轨道交通工程 BIM 应用指南》，指出城市轨道交通应结合实际制定 BIM 发展规划，建立全生命技术标准与管理体系，开展示范应用，逐步普及及推广，推动各参建方共享多维 BIM 信息、实施工程管理。

交通运输部办公厅发布《关于推进公路水运工程 BIM 技术应用的指导意见》，提出围绕 BIM 技术发展和行业发展需要，有序推进公路水运工程 BIM 技术应用，在条件成熟的领域和专业优先应用 BIM 技术，逐步实现 BIM 技术在公路水运工程广泛应用。

我国的 BIM 应用虽然刚刚起步，但发展速度很快，许多企业有了非常强烈的 BIM 意识，出现了一批 BIM 应用的标杆项目，同时，BIM 的发展也逐渐得到了政府的大力推动。

**1. 设计企业的 BIM 应用**

（1）方案设计：使用 BIM 技术除了能进行造型、体量和空间分析外，还可以同时进行能耗分析和建造成本分析等，使得初期方案决策更具有科学性；

（2）扩初设计：建筑、结构、机电各专业建立 BIM 模型，利用模型信息进行能耗、结构、声学、热工、日照等分析，进行各种干涉检查和规范检查，以及进行工程量统计；

（3）施工图：各种平面、立面、剖面图纸和统计报表都从 BIM 模型中得到；

（4）设计协同：设计有上十个甚至几十个专业需要协调，包括设计计划，互提资料、校对审核、版本控制等；

（5）设计工作重心前移：目前设计师 50% 以上的工作量用在施工图阶段，BIM 可以帮助设计师把主要工作放到方案和扩初阶段，使得设计师的设计工作集中在创造性劳动上。

**2. 施工企业的 BIM 应用**

（1）碰撞检查，减少返工。利用 BIM 的三维技术在前期进行碰撞检查，直观解决空间关系冲突，优化工程设计，减少在建筑施工阶段可能存在的错误和返工，而且优化净空，优化管线排布方案。最后施工人员可以利用碰撞优化后的方案，进行施工交底、施工模拟，提高施工质量，同时也提高了与业主沟通的能力。

（2）模拟施工，有效协同。三维可视化功能再加上时间维度，可以进行进度模拟施工。随时随地直观快速地将施工计划与实际进展进行对比，同时进行有效协同，项目参建方都能对工程项目的各种问题和情况了如指掌。从而减少建筑质量问题、安全问题，减少返工和整改。利用 BIM 技术进行协同，可更加高效地进行信息交互，加快反馈和决策后传达周转效率。利用模块化的方式，在一个项目的 BIM 信息建立后，下一个项目可类比的引用，达到知识积累，同样的工作只做一次。

（3）三维渲染，宣传展示。三维渲染动画，可通过虚拟现实让客户有代入感，给人以真实感和直接的视觉冲击，配合投标演示及施工阶段调整实施方案。建好的 BIM 模型可以作为二次渲染开发的模型基础，大大提高了三维渲染效果的精度与效率，给业主更为直观的宣传介绍，在投标阶段可以提升中标概率。

（4）知识管理，保存信息模拟过程可以获取施工中不易被积累的知识和技能，使之变为施工单位长期积累的知识库内容。

**3. 运维阶段的 BIM 应用**

（1）空间管理。空间管理主要应用在照明、消防等各系统和设备空间定位。获取各系统和设备空间位置信息，把原来编号或者文字表示变成三维图形位置，直观形象且方便查找。

（2）设施管理。主要包括设施的装修、空间规划和维护操作。美国国家标准与技术协会（NIST）于 2004 年进行了一次研究，业主和运营商在持续设施运营和维护方面耗费的成本几乎占总成本的三分之二。而 BIM 技术的特点是，能够提供关于建筑项目的协调一致的、可计算的信息，因此该信息非常值得共享和重复使用，且业主和运营商便可降低由于缺乏互操作性而导致的成本损失。此外还可对重要设备进行远程控制。

（3）隐蔽工程管理。在建筑设计阶段会有一些隐蔽的管线信息是施工单位不关注的，或者说这些资料信息可能在某个角落里，只有少数人知道。特别是随着建筑物使用年限的增加，人员更换频繁，这些安全隐患日益显得突出，有时直接导致悲剧酿成。基于 BIM 技术的运维可以管理复杂的地下管网，如污水管、排水管、网线、电线以及相关管井，并且可以在图上直接获得相对位置关系。当改建或二次装修的时候可以避开现有管网位置，便于管网维修、更换设备和定位。内部相关人员可以共享这些电子信息，有变化可随时调整，保证信息的完整性和准确性。

（4）应急管理。基于 BIM 技术的管理不会有任何盲区。公共建筑、大型建筑和高层建筑等作为人流聚集区域，突发事件的响应能力非常重要。传统的突发事件处理仅仅关注响应和救援，而通过 BIM 技术的运维管理对突发事件管理包括：预防、警报和处理。通过 BIM 系统我们可以迅速定位设施设备的位置，避免了在浩如烟海的图纸中寻找信息，如果处理不及时，将酿成灾难性事故。

（5）节能减排管理。通过 BIM 结合物联网技术的应用，使得日常能源管理监控变得更加方便。通过安装具有传感功能的电表、水表、煤气表后，可以实现建筑能耗数据的实时采集、传输、初步分析、定时定点上传等基本功能，并具有较强的扩展性。系统还可以实现室内温湿度的远程监测，分析房间内的实时温湿度变化，配合节能运行管理。在管理系统中可以及时收集所有能源信息，并且通过开发的能源管理功能模块，对能源消耗情况进行自动统计分析，比如各区域、各户主的每日用电量、每周用电量等，并对异常能源使用情况进行警告或者标识。

## 1.4　BIM 软件体系

### 1.4.1　BIM 软件分类

BIM 应用软件一般具备以下 4 个特征：面向对象、基于三维几何模型、包含其他信息和支持开放式标准。

伊斯特曼教授将 BIM 应用软件按其功能分为三大类，即 BIM 环境软件、BIM 平台软件和 BIM 工具软件。根据当前 BIM 的应用情况，我们更习惯将其分为 BIM 基础软件、BIM 应用软件和 BIM 平台软件，具体如下：

（1）BIM 基础软件

BIM 基础软件是指可用于建立能为多个 BIM 应用软件所使用的 BIM 数据软件。主要指建筑建模工具软件，其主要目的是进行三维设计，所生成的模型是后续 BIM 应用的基础。

例如，基于 BIM 技术的建筑设计软件可用于建立建筑设计 BIM 数据，且该数据能被用在基于 BIM 技术的能耗分析软件、日照分析软件等 BIM 应用软件中。美国 Autodesk 公司的 Revit 软件，其中包含了建筑设计软件、结构设计软件及 MEP 设计软件；匈牙利 Graphisoft 公司的 ArchiCAD 软件等。

（2）BIM 工具软件

BIM 工具软件是指利用 BIM 基础软件提供的 BIM 数据，开展各种工作的应用软件。例如，利用建筑设计 BIM 数据，进行能耗分析的软件、进行日照分析的软件、生成二维图纸的软件等。

例如美国 Autodesk 公司的 Ecotect 软件，我国的软件厂商开发的基于 BIM 技术的成本预算软件等。有的 BIM 基础软件除了提供用于建模的功能外，还提供了其他一些功能，所以本身也是 BIM 工具软件。

例如 Revit 软件还提供了生成二维图纸等功能，所以它既是 BIM 基础软件，也是 BIM 工具软件。

（3）BIM 平台软件

BIM 平台软件是指能对各类 BIM 基础软件及 BIM 工具软件产生的 BIM 数据进行有效的管理，以便支持建筑全生命周期 BIM 数据的共享应用的应用软件。该类软件一般为基于 Web 的应用软件，能够支持工程项目各参与方及各专业工作人员之间通过网络高效地共享信息。

例如美国 Autodesk 公司 2012 年推出的 BIM360 软件。该软件作为 BIM 平台软件，包含一系列基于云的服务，支持基于 BIM 的模型协调和智能对象数据交换。匈牙利 Graphisoft 公司的 Delta Server 软件，也提供了类似功能。

当然各大类 BIM 应用软件还可以再细分。例如，BIM 工具软件可以再细分为基于 BIM 技术的结构分析软件、基于 BIM 技术的能耗分析软件、基于 BIM 技术的日照分析软件、基于 BIM 的工程量计算软件等。

## 1.4.2　BIM 建模软件分类

### 1. BIM 概念设计软件

BIM 概念设计软件用在设计初期，是在充分理解业主设计任务书和分析业主的具体要求及方案意图的基础上，将业主设计任务书里面基于数字的项目要求转化成基于几何体的建筑方案，此方案用于业主和设计师之间的沟通和方案研究论证。论证后的成果可以转换到 BIM 核心建模软件里面进行设计深化，并继续验证所设计的方案能否满足业主的要求。目前主要的 BIM 概念软件有 SketchUp 和 Affinity 等。

SketchUp 是诞生于 2000 年的 3D 设计软件，因其上手快速，操作简单而被誉为电子设计中的"铅笔"。2006 年被 Google 收购后推出了更为专业的版本 SketchUp Pro，它能够快速创建精确的 3D 建筑模型，为业主和设计师提供设计、施工验证和流线，角度分析，方便业主与设计师之间的交流协作（图 1.4-1）。

Affinity 是一款注重建筑程序和原理图设计的 3D 设计软件，在设计初期通过 BIM 技术，将时间和空间相结合的设计理念融入建筑方案的每一个设计阶段中，结合精确的 2D 绘图和灵活的 3D 模型技术，创建出令业主满意的建筑方案（图 1.4-2）。

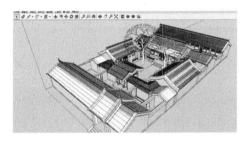

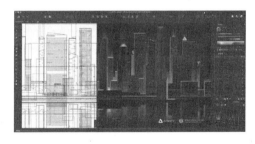

图 1.4-1　SketchUp 软件界面　　　　图 1.4-2　Affinity 软件界面

### 2. BIM 核心建模软件

BIM 核心建模软件的英文通常叫"BIM Authoring Software"，是 BIM 应用的基础也是 BIM 应用过程中碰到的第一类 BIM 软件，简称"BIM 建模软件"。

BIM 核心建模软件公司主要有 Autodesk、Bentley、Graphisoft/Nemetschek 以及 Gery Technology 公司等（图 1.4-3）。

各公司旗下的软件有：

（1）Autodesk 公司

Autodesk 公司的 Revit 是运用不同的代码库及文件结构，能够对早期设计

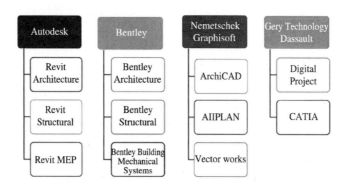

图 1.4-3　BIM 核心建模软件

进行分析。借助这些功能可以自由绘制草图，快速创建三维形状，交互地处理各个形状。可以利用内置的工具进行复杂形状的概念澄清，为建造和施工准备模型。随着设计的持续推进，软件能够围绕最复杂的形状自动构建参数化框架，提供更高的创建控制能力、精确性和灵活性。从概念模型到施工文档的整个设计流程都在一个直观环境中完成。并且该软件还包含了绿色建筑可扩展标记语言模式（gbXML），为能耗模拟、荷载分析等提供了工程分析工具，并且与结构分析软件 ROBOT、RISA 等具有互用性，与此同时，Revit 还能利用其他概念设计软件、建模软件（如 Sketch-up）等导出的 DXF 文件格式的模型或图纸输出为 BIM 模型。Revit 是我国建筑业 BIM 体系中使用最广泛的软件之一（图 1.4-4）。

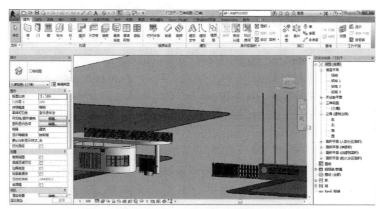

图 1.4-4　Revit 软件界面

（2）Bentley 公司

Bentley 公司的 Bentley Architecture 是集直觉式用户体验交互界面、概念及方案设计功能、灵活便捷的 2D/3D 工作流建模及制图工具、宽泛的数据组及标准组件库定制技术于一身的 BIM 建模软件，是 BIM 应用程序集成套件的一部分，可针对设施的整个生命周期提供设计、工程管理、分析、施工与运营之间的无缝集成。在设计过程中，不但能让建筑师直接使用许多国际或地区性的工程业界的规范标准进行工作，更能通过简单的自定义或扩计所需的所有工具。目前在一些大型复杂的建筑项目、基础设施和工业项目中应用广泛（图 1.4-5）。

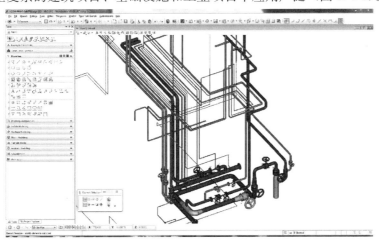

图 1.4-5　Bentley AECOsim Building Designer V8i 软件界面

（3）GraphiSoft 公司

ArchiCAD 是 GraphiSoft 公司的产品，其基于全三维的模型设计，拥有强大的平、立、剖面施工图设计、参数计算等自动生成功能，以及便捷的方案演示和图形渲染为建筑师提供了一个无与伦比的"所见即所得"的图形设计工具。它的工作流是集中的，其他软件同样可以参与虚拟建筑数据的创建和分析。ArchiCAD 拥有开放的架构并支持 IFC 标准，它可以轻松地与多种软件连接并协同工作。以 ArchiCAD 为基础的建筑方案可以广泛地利用虚拟建筑数据并覆盖建筑工作流程的各个方面。作为一个面向全球市场的产品，ArchiCAD 可以说是最早的一个具有市场影响力的 BIM 核心建模软件之一（图 1.4-6）。

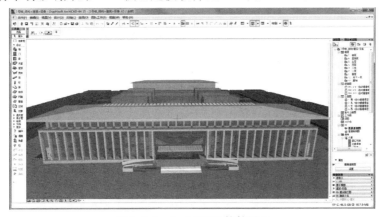

图 1.4-6　ArchiCAD 软件界面

（4）Gery Technology 公司

Digital Project 是 Gery Technology 公司在 CATIA 基础上开发的一个面向工程建设行业的应用软件（二次开发软件），它能够设计任何几何造型的模型，且支持导入特制的复杂参数模型构件，如支持基于规则的设计复核的 Knowledge Expert 构件；根据所需功能要求优化参数设计的 Project Engineering Optimizer 构件；跟踪管理模型的 Project Manager 构件，另外 Digital Project 软件支持强大的应用程序接口；对于建立了本国建筑业建设工程项目编码体系的许多发达国家，如美国、加拿大等，可以将建设工程项目编码，如美国所采用的 Uniformat 和 Masterformat 体系导入 Digital Project 软件，以方便工程预算（图 1.4-7）。

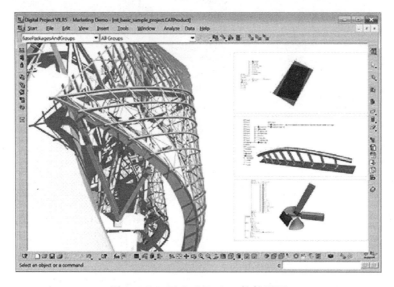

图 1.4-7　Digital Project 软件界面

因此，对于一个项目或企业 BIM 核心建模软件技术路线的确定，可以考虑如下基本原则：

（1）民用建筑可选用 Autodesk Revit；

（2）工厂设计和基础设施可选用 Bentley；

（3）单专业建筑事务所选择 ArchiCAD、Revit、Bentley 均可；

（4）项目完全异形、预算比较充裕的可以选择 Digital Project。

BIM 建模软件可以进行三维设计，所生成的模型是后续 BIM 应用的基础，在 BIM 技术的应用过程中具有十分重要的意义。在前面所介绍的 4 种 BIM 核心建模软件中，Autodesk 公司的 Revit 软件在国内有着较为广泛的应用，同时也具有如下优势：

（1）界面亲切操作易上手

现今在建筑业最多人使用软件仍然是 Autodesk 所发行的 AutoCAD，Autodesk 在 Revit 上的接口设计依循着 AutoCAD，让人觉得 Revit 和 AutoCAD 的版面配置和页签设计非常类似，因此不仅让刚接触的人对 Revit 多了一种亲切感，也辅助他们能在转换到新软件时快速上手。对建筑师而言，一般是不愿意面对全新的软件，而 Revit 建筑师会因为使用过他们熟悉的 AutoCAD 操作接口而轻易上手，且建筑师用建筑信息产生图纸会比直接在计算机上画平立面图来的快速。

（2）互操作性强

AutodeskRevit 系列包含了 Revit Architecture、Revit Structure、Revit-MEP，专为不同领域各别设计。Revit 的互操作性好，除了能汇入且编辑 Auto-CAD 的 dwg 以及 SketchUp 的 skp 文档外，亦支持 BIM 常见的 IFC 标准格式。另外像是用来进行耗能分析、风力分析的 gbXML 格式，或是其他外挂功能使整个 Revit 系列产品功能更完整。用户可利用不同的软件彼此互相整合来形成图纸和数据库中的信息，像是数量表、单价分析表等皆可呈现在同一个模型里。

（3）构件（族）种类数量众多

Revit 除了简单的操作接口外，Revit 有详细和实用的档案和教学，很容易找到自制的或是第三方软件所提供的构件（族），像是机电管线或家具构件（族），可以轻易下载并汇入 Revit，Revit 软件有自己的构件（族）库，大致涵盖许多项目可使用的构件（族）。

（4）参数化设计能力较强

Revit 的建筑模型里，不仅包含 2D 建筑物图纸，还有包含施工等其他集结而成的信息，此信息以数据库的形式储存取代传统图纸档案或是窗体等的 CAD 文件。Revit 的另一特色是只要模型里的任何对象经过修改会自动调整，因此具有交互关联性。在模型里改变对象会实时地反映到整个项目的其他窗口上，举例来说，在 3D 模型窗口为室内墙面新增一个开口，亦可以在平面图及立面图窗口中看见同一个开口。

因此，本书接下来的章节将以 Revit 软件为例，深入讲解 BIM 建模方法。

# 第 2 章　Revit 基础操作

> 【导读】
>
> 本章主要对 Revit 软件的基础操作进行介绍。
>
> 第 1 节介绍了 Revit 简介、软件的启动及界面认识。
>
> 第 2 节介绍了 Revit 的基本术语。
>
> 第 3 节和第 4 节详细介绍了 Revit 的界面及其操作流程
>
> 第 5 节介绍了 Revit 常用的快捷键及使用方法。

## 2.1　认识 Revit

### 2.1.1　Revit 简介

Revit 最早是一家名为 Revit Technology 公司于 1997 年开发的三维参数化建筑设计软件。2002 年被 Autodesk 收购，并在工程建设行业提出 BIM（Building Information Modeling，建筑信息模型）的概念。

Revit 是专门用来构建 BIM 模型的软件，是 BIM 应用的基础平台。从概念性研究到施工图纸的深化出图及明细表的统计，Revit 可带来明显的竞争优势，提供了更好的组织协调平台，并大幅度提高了工程质量，使建筑师及其团队的其他成员获得更高的收益。

Revit 经历了数年的发展，功能也日益完善，本书使用的是 Revit 2016 版本，自 2013 版本开始，Autodesk 公司将 Revit Architecture（建筑）、Revit Mep（机电）、Revit Stucture（结构）三者合为一个整体，用户只需要安装一次就可以享有建筑、结构、机电的建模环境，不用再和过去一样需要安装三个软件并在建模环境中来回转换，使用时更加方便、高效。

Revit 全面创新的概念设计功能，可自由地进行模型创建和参数化设计，还能够对早期的设计进行分析。借助于这些功能，可以自由绘制草图，快速地创建三维模型。还可以利用内置的工具进行复杂的外观概念设计，为建造和施工准备模型。随着设计的持续推进，Revit 能够围绕最复杂的形状自动创建参数化框架，并提供更高的创建控制力、准确性和灵活性。从概念模型到施工图纸的整个设计流程都可以在 Autodesk Revit 软件中完成。

Revit 在设计应用阶段主要包括三个方面：建筑设计、结构设计和机电深化设计。在 Revit 中进行建筑设计，除可建立真实的三维模型外，还可以直接通过模型得到设计师所需的相关信息（例如图纸、表格和工程量清单等）。利用 Revit 的机电（系统）设计可以进行管道综合、碰撞检查等工作，更加合理地布置水暖电设备，另外，还可以做建筑能耗分析、水压力计算等。结构设计师通过绘制结构模型，结合 Revit 自带的结构分析功能，能够准确地计算出构件的受力情况，协助工程师进行设计。

### 2.1.2　Revit 的启动

Revit 是标准的 Windows 应用程序。可以像其他 Windows 软件一样通过双击快捷方式启动 Revit 主程序。启动后，默认会显示"最近使用的文件"界面。如果在启动 Revit 时，不希望显示"最近使用的文件界面"，可以按以下步骤来设置。

启动 Revit，单击左上角"应用程序菜单"按钮，在菜单中选择位于右下角的 按钮，在"用户界面"对话框，如图 2.1-1 所示。

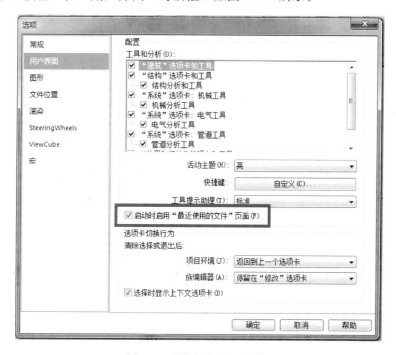

图 2.1-1 "用户界面"对话框

在"选项"对话框中，切换至"常规"选项卡，清除"启动时启用"最近使用文件"页面"复选框，设置完成后单击 确定 按钮，退出"选项"对话框。

单击"应用程序菜单" ![应用程序菜单按钮] 按钮，在菜单中选择 退出 Revit 或点击软件右上角 ✕ 将 Revit 软件完全关闭，重新启动 Revit，此时将不再显示"最近使用的文件"界面，仅显示空白界面。

使用相同的方法，勾选"选项"对话框中"启动时启用'最近使用文件'页面"复选框并单击 确定 按钮，按照上述方法关闭软件再次启动，将重新启用"最近使用的文件"界面。

### 2.1.3　Revit 的界面

Revit 2016 的应用界面如图 2.1-2 所示。在主界面中，主要包含项目和族两大区域。分别用于打开或创建项目以及打开或创建族。在 Revit 2016 中，已整合了包括建筑、结构、机电各专业的功能，因此，在项目区域中，提供了建筑、结构、机械、构造等项目创建的快捷方式。单击不同类型的项目快捷方式，将采用各项目默认的项目样板进入新项目创建模式。

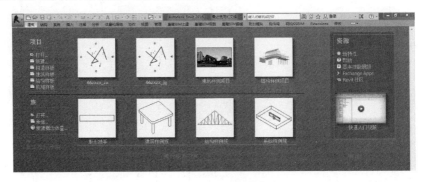

图 2.1-2　Revit 的界面

项目样板是 Revit 工作的基础。在项目样板中预设了新建项目的所有默认设置，包括长度单位、轴网标高样式、墙体类型等。项目样板仅为项目提供默认预设工作环境，在项目创建过程中，Revit 允许用户在项目中自定义和修改这些默认设置。

如图 2.1-3 所示，在"选项"对话框中，切换至"文件位置"选项，可以查看 Revit 中各类项目所采用的样板设置。在该对话框中，还允许用户添加新的样板快捷方式，浏览指定所采用的项目样板。

点击"构造样板"路径任意英文字母在其后将会出现浏览样板文件图标（图 2.1-3），点击该图标将进入浏览样板文件界面，通常会默认选取"China"样板文件夹，见图 2.1-4。

图中默认的样板文件对应于各专业的建模使用，"构造样板"包括通用的项目设置，"建筑样板"对应于建筑专业，"结构样板"对应于结构专业，"机械样板"针对机电全专业（水、暖、电）。如需要机电中的单专业样板或使用已建立

图 2.1-3　"选项"对话框

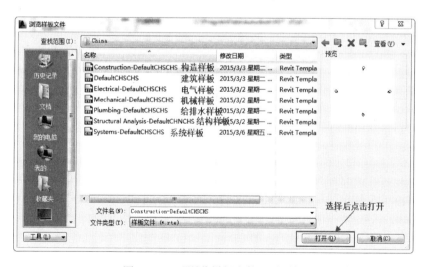

图 2.1-4　"浏览样板文件"对话框

的某样板可采用如下两种方式：

（1）在 Revit 界面增加某样板（以"电气样板"为例）

点击➕增加样板（图 2.1-5），在弹出的"浏览样板文件"对话框选择"电气样板"。将名称更改为中文"电气样板"，点击确定按钮，Revit 界面将会出现"电气样板"。

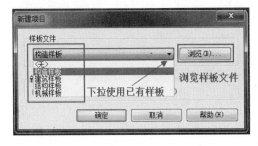

图 2.1-5　增加电气样板文件　　　　图 2.1-6　增加电气样板后的界面

（2）新建项目时直接浏览某样板文件

在界面中选择"新建→项目"选项，将弹出"新建项目"对话框，如图
2.1-7 所示。在该对话框中可以指
定新建项目时要采用的样板文件，
除可以选择已有的样板文件方式
外，还可以单击 [浏览(B)...] 按钮指
定其他样板文件创建项目。在该对
话框下方，选择新建的"项目"为
该样板文件新建一个项目，选择
"样板文件"为编辑或自定义当前

图 2.1-7　"新建项目"对话框

项目样板。

## 2.1.4　使用帮助与信息中心

Revit 提供了完善的帮助文件系统，以方便用户在遇到使用困难时查阅。可
以随时单击"帮助与信息中心"栏中的"Help" ⊚ 按钮或按键盘"F1"键，打
开帮助文档进行查阅。目前，Revit 2016 已将帮助文件以在线的方式存在，因此
必须连接 Internet 才能正常查看帮助文档。

# 2.2　Revit 基本术语

**1. 项目**

项目是单个设计信息数据库模型，项目文件包含了建筑的所有设计信息（从
几何图形到构造数据）。例如，建筑的三维模型、平立剖面及节点视图、各种明
细表、施工图纸以及其他的相关信息。项目文件也是最终完成并用于交付的文
件，其后缀名为".rvt"。

**2. 项目样板**

样板文件即在文件定义了新建项目中的默认初始参数，例如，项目默认的度

量单位的设置、楼层数量的设置、层高信息、线型设置、显示设置等。相当于 AutoCAD 的 .dwt 文件，其后缀名为 ".rte"。

**3. 族**

在 Revit 中，基本的图元单位被称为图元。例如，在项目中建立的墙、门、窗都被称之为图元，而 Revit 中的所有图元都是基于族的。族既是组成项目的文件，同时是参数信息的载体。例如，"混凝土柱"作为一个族可以有不同的尺寸。

在 Revit 中族分为三类：可载入族、系统族、内建族。

（1）可载入族：为使用族样板创建于项目之外的扩展名为 .rfa 的文件，其特性为可以载入任何需要的项目中，并且属性可定义，可参数化。

（2）系统族：为项目中预定义的且仅能在项目中进行创建、修改的族类型，其特性为不能作为外部文件导入别的项目中，但可在项目及样板间复制、粘贴，例如在新建项目文件后，"墙"选项类型中的"基本墙"是系统族，可以通过复制和修改为不同的墙类型。

（3）内建族：为在当前项目中创建的族，其特性为只能储存于当前项目中，不能单独存成 rfa 文件，不能应用于其他项目文件中。

**4. 族样板**

族样板是自定义族的基础，Revit 根据自定义族的不同用途与类型提供多个对象的族样板文件，族样板中预定了常用的视图、默认参数和部分构件，创建族初期应根据族类型选择族样板，族样板文件后缀名为 ".rft"。

**5. 概念体量**

通过概念体量可以方便地创建各种复杂的概念形体。概念设计完成后，可以直接将建筑图元添加到这些形状中，完成复杂模型的创建。应用体量的这一特点，可以方便快捷地完成网架结构的三维建模的设计。

使用概念体量制作的模型还可以快速统计概念体量模型的建筑楼层面积、占地面积、外表面积等设计数据。也可以在概念体量模型表面创建生成建筑模型中的墙、楼板、屋顶等图元对象，完成从概念设计阶段到方案、施工图的转换。Revit 提供了两种创建体量模型的方式：内建体量和体量族。

## 2.3　Revit 界面介绍

Revit 2016 界面共包括应用程序菜单按钮、快速访问工具栏、帮助与信息中心、选项卡、面板、属性面板、项目浏览器、状态栏、视图控制栏、绘图区域及工作状态集等版面，如图 2.3-1 所示。

**1. 应用程序菜单**

点击左上角【应用程序菜单】可以打开应用程序菜单列表。应用程序菜单按钮类似于传统界面下的"文件"菜单，包括【新建】、【保存】、【打印】、【退出

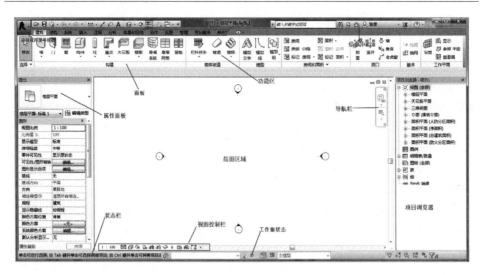

图 2.3-1　Revit 2016 界面

Revit】等均可以在此菜单下执行（图 2.3-2）。在应用程序菜单中，可以单击各菜单右侧的箭头查看每个菜单项的展开选择项，然后再单击列表中各选项执行相应的操作。

图 2.3-2　应用程序菜单列表

在应用程序菜单中值得注意的是，快捷键的自定义与"选项卡切换行为"的设置。点击应用程序菜单右下角【选项】按钮，可以打开【选项】对话框。选择【用户界面】选项，如图 2.3-3 所示。点击图中标记出的"快捷键 自定义"按钮，切换到"快捷键"对话框，用户可根据自己的工作需要自定义出现在功能区域的选项卡命令，并自定义快捷键。

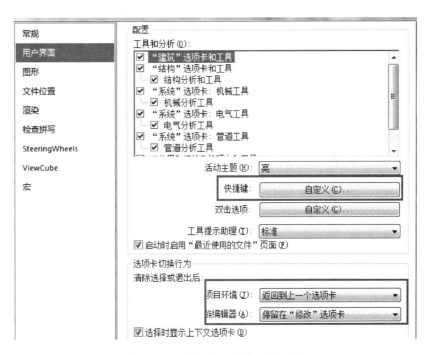

图 2.3-3　"选项"栏中的用户界面

关于"选项卡的切换行为"，包括清除选择和退出两种操作。举例说明，当一个项目中需要建立墙构件时，在 Revit 中需利用"墙"功能来建造。点击"墙"的功能选项卡后，自动切换至"修改 | 放置 墙"上下文选项卡，直接在绘图区域绘制即可。当完成后，进行修改时，要点击清除多余的构件（或直接后退），在这种操作下有两种情况，一是直接退出"修改 | 放置 墙"上下文选项卡，二是仍然停留在"修改 | 放置 墙"上下文选项卡中，点击其余功能并切换至相应的上下文选项卡把现有的"修改 | 放置 墙"选项卡覆盖且失效。对于如何选择两种效果，用户可根据自身需求在如图 2.3-3 中的"选项卡切换行为"中进行选择。

**提示：在建造模型与建造族时二者的选项卡需要分开来设置。**

**2. 功能区**

功能区共包括三部分：选项卡、上下文选项卡、选项栏。

（1）选项卡

选项卡主要包括了 Revit 的主要命令，如图 2.3-4 所示。

图 2.3-4　选项卡

➢ "建筑"选项卡：创建建筑模型所需的工具。

➢ "结构"选项卡：创建结构模型所需的工具。

➢ "系统"选项卡：创建机电、管道、给排水模型所需的工具。

➢ "插入"选项卡：用于添加个管理次级项目，例如导入 CAD、链接 Revit 模型。

➢ "注释"选项卡：将二维信息添加到设计当中。

➢ "修改"选项卡：用于编辑现有的图元、数据、系统。

➢ "体量和场地"选项卡：用于建模和修改概念体量族和场地图元。

➢ "协作"选项卡：用于内部和外部项目团队成员协作的工具。

➢ "视图"选项卡：用于管理和修改当前视图及切换视图。

➢ "管理"选项卡：对项目和系统参数的设置管理。

➢ "附加模块"选项卡：只有安装了第三方工具后，才可以使用附加模块。

➢ "分析"选项卡：分析模型荷载、能量分析、检查系统等。

（2）上下文选项卡

上下文选项卡是使用某个工具或某图元时跳转到的针对该命令的选项卡，为了方便完成后续工作而出现的，起到了承上启下的作用。完成该命令或退出选中图元时，该选项卡将自动关闭。上下文选项卡也属于选项卡，如图 2.3-5 所示。

图 2.3-5　上下文选项卡/选项栏

（3）选项栏

功能区面板下方即为"选项栏"，当选择不同工具命令时，或选择不同的图元时，"选项栏"会显示与该命令或图元有关的选项，从中可以设置或编辑相关参数。

Revit 根据各工具的性质和用途，分别组织在不同的面板中，如果存在与面板中工具相关的设置选项，则会在面板名称栏中显示斜向箭头设置按钮。单击该箭头，可以打开对应的设置对话框，对工具进行详细的通用设定。

图 2.3-6　功能区面板显示状态

Revit 提供了 3 种不同的功能单击功能区面板显示状态，如图 2.3-6 所示。每一种相应的选项卡对应状态，如图 2.3-7 所示。单击选项卡右侧的功能区状态切换符号 ，可以将功能区视图在显示完整的功能区、最小化为面板标题、最小化为面板按钮和最小化为选项卡状态间循环切换。

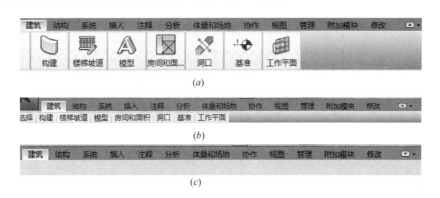

(a)

(b)

(c)

图 2.3-7　功能区选项卡的三种不同状态

（a）最小化为面板按钮；（b）最小化为面板标题；（c）最小化为选项卡

### 3. 快速访问工具栏

除可以在功能区域内单击工具或命令外，Revit 还提供了快速访问工具栏，用于执行最常使用的命令。

图 2.3-8　添加到快速访问栏

可以根据需要自定义快速访问栏中的工具内容，根据自己的需要重新排列顺序。例如，要将在快速访问栏中创建墙工具，右键单击功能区【墙】弹出快捷菜单中选择"添加到快速访问工具栏"即可将墙及其附加工具同时添加至快速栏中，如图 2.3-8 所示。

使用类似的方式，在快速访问栏中右键单击任意工具，选择"从快速访问栏中删除"，可以将工具从快速访问栏中移除。

快速访问工具栏可能会显示在功能区下方。在快速访问工具栏上单击"自定义快速访问工具栏"下菜单"在功能区下方显示"。单击"自定义快速访问工具栏"下菜单，在列表中选择"自定义快速访问栏"。使用该对话框，可以重新排列快速访问栏中的工具显示顺序，并根据需要添加分隔线。

**4. 属性面板**

属性面板的作用是辅助模型的建立，并在模型建立过程中实时的提供每一个构件的相应信息（包含几何信息与非几何信息）。另外在绘制模型时会涉及数据的设置与修改，此操作可以通过直接修改属性面板中的各种数据来实现模型构件的直接变更。

另外属性面板中的各个项目属性不是一成不变的，可以根据用户需求自行设定或更改，具体操作步骤在后面章节中会有介绍。

属性面板为浮动面板，也可以通过拖拽至边界进行固定，可以在建模过程中保持打开状态。如关闭后打开属性面板有如下方式：

➢ 点击"视图"选项卡，"用户界面"图标，勾选"属性"如图 2.3-9 所示。
➢ 在绘图区域点击右键，勾选"属性"，如图 2.3-9 所示。
➢ 使用快捷命令"Ctrl＋1"或"PP"。

图 2.3-9　属性面板显示

以创建墙为例，如图 2.3-10，"属性面板"最顶部为"类型选择器"，用来选择或更改不同的族类型。"墙"的类型选择器列表中就包含"基本墙、层叠墙、内墙、外墙"等等，一般来说，"类型选择器"中的默认项目类型为上次操作所使用过的类型。在实际建造模型时根据项目的不同会应用不同的墙类型，可直接通过更换"类型选择器"中的墙类型实现。另外，类型选择器中的构件类型是有限的，系统自带的构件类型为基本构件类型，在实际应用时许多类型需要在基本类型的基础上进行修改。

仍然以创建墙构件为例，在某实际项目中规定建筑内墙为 200mm，建筑外墙为 240mm。利用 Revit 进行建模时，"墙"构件的"类型选择器"中只给出了

"基本墙、层叠墙",并没有直接给出项目能实际应用的墙构件的类型。用户需要以"基本墙"为基础自行创立。

具体操作如下:

➢ 点击"建筑"选项卡下的【墙】工具选项卡中的"建筑墙"功能—在类型选择器中选择"基本墙"类型。

➢ 点击"属性"面板中的"编辑类型"按钮,切换至"类型属性"对话框(如图 2.3-11)。

图 2.3-10　属性面板

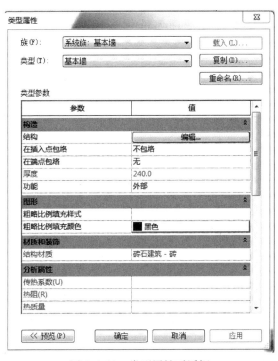

图 2.3-11　类型属性对话框

➢ 在"类型属性"对话框中,点击右上方的"复制"按钮,复制成功后提示输入新的名称(以例题为例,把新复制的墙构件命名为"内墙"),建立的内墙自动出现在对话框上方的"类型"一栏中,(由于"内墙"是在"基本墙"的基础上复制修改而来,因此新建立的"内墙"仍然属于基本墙族下的一种)。

➢ 接上一步"内墙"类型虽然建立完成,但其具体的结构仍然为"基本墙"的结构,需要在"类型属性"对话框中的"构造"一栏中对结构进行修改。以此达到项目的要求。

类型选择器下方下拉菜单为"类型过滤器",通过该功能来从多个选择对象中过滤出将要查看或更改的类型属性,如图 2.3-12 所示。此功能应用在当选中多种类型的构件,需单独找出其中的某一种时。

图 2.3-12　类型过滤器

例如，在 Revit 的某平面视图中，用户需要更改视图中的全部内墙。完成此操作有两种方法：

（1）配合 Ctrl 键把需要更改的内墙逐个选中，再利用"属性"面板进行修改，利用此方法有一定的弊端，首先是当内墙数量过多是，容易遗漏，其次是墙构件一般是和标高与轴网连接在一起的，点选墙构件时容易把标高与轴网一起选择。

（2）此处介绍的"类型过滤器"功能，在平面视图中利用鼠标左键，把拥有内墙的视图范围全部框选，在"属性"面板的"类型过滤器"一栏中会把框选到的所有构件类型以及相应的数量都列在一个列表中。用户在此列表中选择自己需要的构件类型，在视图中选择的构件将自动切换到在列表中所选择的构件。

另外值得注意的是，在 Revit 模型中框选多个类型的构件后，工具面板中自动切换至"修改 | 选择多个"上下文选项卡，在此面板中有一个漏斗样式的图标 ▽ 过滤器，为"过滤器"功能，此功能与"面板"中的"类型过滤器"功能完全相同。用户可根据自身操作习惯来选择即可。

通过 品 编辑类型 对类型属性进行编辑。

Revit 中每一个构件的尺寸与结构都是对照实际的工程项目按照一定的比例进行绘制的，而构件的尺寸与结构信息几乎全部通过"属性"面板来进行设置与修改。在"属性"面板中此功能主要是在"编辑类型"列表下来实现的。通过修改实例属性，修改族实例的相应属性，修改后会自动更新，甚至不需要点击右下角"应用"按钮。

例如，在某项目中利用 Revit 进行建模，模型建立完成后发现模型中的窗户构件的尺寸信息需要修改。进行此操作有两种方法：

（1）在模型中把每个窗构件逐次进行修改，在选中窗户构件后，属性面板自动切换至窗构件的选项。点击"编辑类型"按钮切换至"类型属性"对话框，在"构造"一栏中进行修改。为减小工作量，可利用上一段中介绍的"类型选择器"功能，把全部构件选中后统一进行修改。

（2）把窗构件中的"族"类型进行修改。修改后凡是属于此族下的构件尺寸均会自动地进行修改。

无论哪种方法，均需要利用"属性"面板中的"编辑类型"功能来进行尺寸的修改。关于构件结构的修改与设置，与尺寸的操作完全相同，不做过多阐述。

**5. 项目浏览器**

项目浏览器实质上是一个选择树，它包含项目的视图、图例、明细表、图纸、族等项目中的所有信息。用于组织和管理当前项目中所包含的信息，通过点击不同的名称进行选择调用。点击"＋"或"－"号进行扩展和恢复，即各树状分支进行展开和折叠时，将显示下一层集的内容，双击任意视图文字进入该视图，如图 2.3-13 所示。

点击项目浏览器右上方的"▣✕"可以将项目浏览器关闭，以得到更多的模型绘制空间。关于项目浏览器的打开与属性面板的打开相似，有两种方法：（1）在空白处单击鼠标右键，找到"浏览器"选项，在其分类中找到"项目浏览器"勾选即可，如图 2.3-14 所示；（2）点击"视图"选项卡，"用户界面"图标，勾选"项目浏览器"，如图 2.3-14 所示。

图 2.3-13　项目浏览器　　　　　图 2.3-14　项目浏览器的打开方式

项目浏览器默认情况会在界面的左侧，在面板的标题栏处按住鼠标左键不放可进行拖动，当移动到屏幕的适当位置后松开鼠标即可，另外当"项目浏览器"面板靠近屏幕的边界时，会自动吸附于边界位置，用户可根据自身使用习惯进行设置。

项目浏览器也可以设置成其他类型，右键点击上方"视图"按钮，选择"浏览器组织"，选择相应的类型或新建其他类型。如图 2.3-15 所示。

图 2.3-15　浏览器组织

**6. 状态栏**

状态栏在输入命令显示相应命令，在选择图元对象时显示将要选择的图元，尤其是在识别相邻图元或选择链图元中起到重要作用，如图 2.3-16 所示。

图 2.3-16　状态栏

**7. 视图控制栏**

最下方视图控制栏能够对绘图区域的显示方式进行控制。从左往右依次包括显示比例、详细程度、视觉样式、日光路径开关、阴影开关、裁剪视图开关、显示裁剪区域开关、锁定三维视图（仅三维视图中显示）、临时隐藏/隔离、显示隐藏图元、临时视图属性、隐藏分析模型、高亮显示位移集、显示约束，如图 2.3-17 所示。

图 2.3-17　视图控制栏

这些视图开关在模型的建立过程中有着重要的作用，例如"详细程度"控制开关包括"粗略、中等、精细"三种选择方式，可以控制模型在计算机屏幕上的精细显示程度。而不同的显示程度除视觉效果不同以外，在进行构件的标注时也会有差距，精细程度越细标注程度也会越详细。

举例来说，某项目中要求对一"墙"构件进行材料的标注，在实际建造中墙构件的结构有多种不同的材料分层构成，需要把每一层材料进行标注。如果模型的精细程度为"粗略"在模型显示时只会显示墙的厚度，不会显示出分层信息。如需显示分层要把模型的详细程度设置为"中等"或者"详细"。每个用户可根据计算机配置的不同用户而选择合适的详细标注。对于一般配置的电脑来说，在进行模型绘制时只需"粗略"程度即可，既不会影响模型的绘制也有利于计算机的运转，当模型完成后在标注时要使用"中等"或"详细"程度，这样可以防止在标注时遗漏信息。

**8. 三维视图控制**

利用 Revit 进行建模，完成的模型最终以三维形态展现在用户面前。三维模型不只是用来进行视觉效果展示的立体图像，其内部构造与结构是与实际建筑按照一定比例绘制而成的。在模型建造过程与完成后的交付验收中都需要对每一部分进行查看，在三维视图状态下进行查看时，除可以使用"动态观察"等工具查看三维模型外，Revit 还提供了 ViewCube 工具，方便将视图定位至东南轴侧、顶部视图等常用三维视点。本部分将具体介绍 ViewCube 工具的应用。

首先介绍 ViewCube 工具的打开方式，默认情况下在 Revit 软件中

ViewCube 工具是打开的。如在关闭状态下需要点击工具选项卡中的【视图】—选择【用户界面】工具，点击下拉菜单—在下拉菜单中找到 ViewCube，勾选即可。

在三维视图查看时，绘图区域右上角将出现一个"显示立方体（ViewCube）"，通过点击立方体的某个面或拖拽某个角都可以对模型进行转动，也可以采用快捷命令"Shift＋按住鼠标中键"进行模型三维旋转。点击立方体左上方的"小房子"图标将会进入主视图。在空白绘图区域点击鼠标右键可以其他形式调整视图。

如图 2.3-18 所示，为 ViewCube 工具。在上一段简单介绍的视图工具的功能中，其中"显示立方体"的每一个面都代表三维模型的"上、下、前、后、左、右"六个不同的面。直接用鼠标点击"立方体"的平面，三维模型便直接切换至相应的面。利用鼠标点住"立方体"的不同顶点进行拖拽与旋转，三维模型也会进行旋转。值得注意的是，三维模型的旋转中心是不变的。即在一个 Revit 项目中，无论

图 2.3-18　ViewCube 和右键视图调整

有几个三维模型只有一个旋转中心。旋转中心一般在模型项目的中间，在进行拖拽旋转时要注意此问题，否则在旋转观察时会造成不必要的麻烦。

## 2.4　Revit 界面操作流程

在本节将会了解 Revit 界面操作的基本工作流程，对模型的建立顺序进行初步介绍，对界面内图标和功能进行更多的尝试，初步进行简单的建筑建模。下面将按模型建立的顺序进行介绍。

图 2.4-1　新建项目文件

**Step1**：在启动界面点击"建筑样板"新建一个项目。在启动界面点击左上方的"新建"按钮，弹出新建项目对话框。如图 2.4-1 所示，利用"样板文件"后方的"浏览"按钮选择相应的"建筑样板"到"样板文件"下方的框中，并点击确定，新建项目完成，并自动切换

到一个新的项目文件绘制界面中。

  **Step2**：点击"＋"号展开项目浏览器中的"楼层平面"、"三维视图"、"立面"等各个树标（默认情况下，各个标题都是打开的），在项目浏览器中的哪个标题为加深黑色，就代表当前建筑模型的视图处于何种状态。例如"楼层平面"中标高 1 为加深黑色，代表绘图区域视图为标高 1 的平面视图，如图 2.4-2 所示。反过来，当需要切换规定的视图时，直接在项目浏览器列表中双击相应的标题使其加深为黑色即可自动切换至相应的视图。

  **Step3**：在所有项目文件的一层标高中都含有"小眼睛"形状的立面视图符号，如图 2.4-3 所示。这些立面视图符号的作用是控制三维模型的视图范围，正常情况下立面视图的符号应在三维模型外部，即四个视图符号把三维模型整体包围起来。如果四个立面符号中的某一个在模型的内部，将会造成在立面图绘制时不能显示的问题。例如，在绘制过程中将"东"立面视图的符号放置在的模型内部，当利用项目浏览器切换到"东立面视图"时，在模型显示界面只会显示"东"立面符号以内的模型，在立面符号以外的部分将无法显示。很多工作将不能进行。

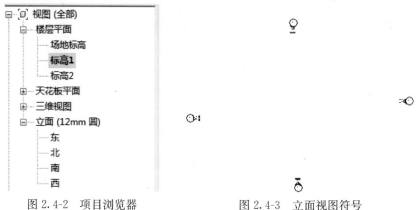

图 2.4-2　项目浏览器　　　　　　　　图 2.4-3　立面视图符号

图 2.4-4　修改工具

  为防止出现上一段中说明的问题，在模型绘制前将标高 1 平面视图中各立面视图符号移动至较大范围，以北立面符号为例，框选北立面符号（"小眼睛"），点击【修改｜选择多个】选项卡【修改】中的【移动】工具，如图 2.4-4 所示。以自身为基点，向上方（北面）移动一段距离。然后依次框选其他立面符号，向各自方向移动一段距离，使"四个眼睛"的范围扩大。

  **提示**：**在扩大立面符号的范围框选时，如选择从右下方框选到左上方这种方式，在框选完成后会自定调制移动状态。此时直接点击鼠标左键拖动即可。**

  **Step4**：完成上述准备工作后，开始绘制具体的三维模型。在 Revit 中使用任何绘制工具进行绘制模型时，在启动工具按钮后一般会出现选项栏，通过辅助工具栏来控制模型的"高度、偏移、定位"等几何形状信息与位置信息。其中在辅助工具栏中有一选项为"链"。"链"工具广泛应用于墙、屋顶、楼板等各个建筑实体中。

以"墙"构件为例，简单介绍"链"工具的功能应用。在绘制"墙"构件时整个建筑的所有墙构件是连为一起的但又不是一体的。在具体绘制时如不启用"链"工具。绘制完一段墙体后，再绘制另外一段墙体时需要重新点击工具面板中的"墙"工具，不断循环直至绘制完成，会造成不必要的麻烦。如启用"链"工具这一问题就能很好地得到解决。如图 2.4-5 所示为 90 度弯曲的两段墙体，左面是没有启用"链"工具的状态，右面是启用了"链"工具的状态。简而言之，在绘制模型过程中利用"链"工具可以把所有的构件连为一体，并可以任意调节角度，节省建模时间。

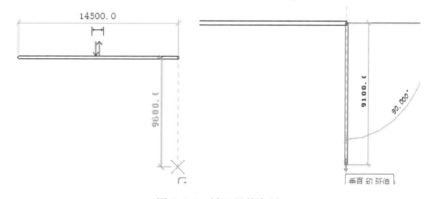

图 2.4-5　链工具的启用

在某些构件的辅助工具栏中含有"定位线"选项，仍以"墙"构件为例进行介绍。在实际项目中墙构件的结构由多层构成。而在实际建模时是以轴网为参照线或定位线（关于轴网的具体应用在后面章节会有详细介绍），这就造成在建模时会出现结构层定位问题。在"定位线"选项中会把提前设定好的结构层全部包含在内，用户可根据需要直接在下拉菜单中选择相应的定位线即可。

点击【建筑】选项卡中【墙】工具图标。将选项栏设置为高度"直到标高2"，定位线为"面层面外部"，勾选"链"，偏移量默认为 0，如图 2.4-6 所示。绘制工具默认采用直线。

图 2.4-6　选项栏设置

**Step5**：点击【属性面板】中墙的【类型选择器】，选择"常规－300mm 墙类型"，如图 2.4-7 所示。

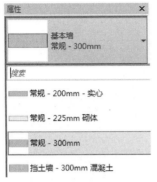

图 2.4-7 墙类型设置

**Step6：** 在绘制过程中由于几何形状和位置关系的要求需要用到工具栏中的一系列操作工具，绝大部分工具与 AutoCAD 中修改工具用法与功能一致，以墙为例进行简单介绍。

在绘图区域绘制一道水平墙。通过【修改】中【修改工具】，对墙的位置进行更改，依次使用"移动"、"复制"、"旋转"、"修改延伸为角"、"偏移"、"对齐"、"镜像"、"拆分图元"、"阵列"、"缩放""修改延伸"工具对墙进行编辑，如图 2.4-8 所示。最终绘制完成墙

如图 2.4-9 所示。

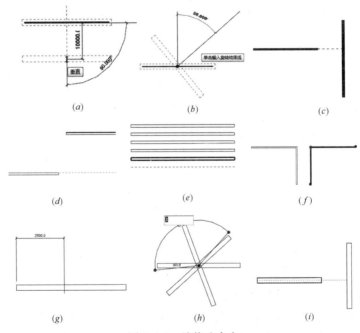

图 2.4-8 墙修改命令

(a) 移动和复制；(b) 旋转；(c) 修改延伸为角；(d) 对齐；(e) 偏移；(f) 镜像；
(g) 打断；(h) 环形阵列；(i) 延伸

**Step7：** 随着模型绘制的深入模型会越来越复杂，各种构件会叠加在一起，有时根据要求需要从复杂的结构中分离出特定的一部分。实现此功能有两种方法，一是利用鼠标左键配合 Ctrl 逐一选择直至选择完成后。此方法容易造成遗漏且在实际操作过程中操作较为复杂。另外一种方法是，利用框选功能把某一部分的模型构件全部选择，然后用过滤器把不需要的过滤掉。下面对过滤器的利用进行介绍。

　　选择绘图区域所有的墙，可以通过框选所有图元，采用【过滤器】工具进行过滤选择。通过鼠标左键自下向上进行框选，把上一步骤中绘制的墙体全部框选，点击工具选项卡上的过滤器按钮，如图2.4-10 所示，弹出过滤器对话框，

图 2.4-9　墙绘制图例

在对话框中勾选需要的构件（此处选择墙构件），对话框中勾选的构件类型在模型中便全部处于选中状态。

图 2.4-10　过滤器选择墙

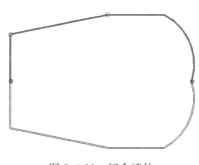

图 2.4-11　闭合墙体

　　**Step8：** 接上一步选中所有的墙构件后，利用镜像功能绘制一封闭的墙体模型。在 Revit 建模过程镜像功能应用非常广泛，尤其对于一些对称的几何图形。

　　具体的操作步骤为，选中要镜像的图形——在工具栏中选择【镜像】功能——选择镜像的对称轴—点击确定即可得到镜像的图形。选择所有墙后，采用镜像绘制轴，形成闭合墙体，如图 2.4-11 所示。进入三维视图及各个立面视图查看所绘制的墙体。

## 2.5　快捷键的使用

　　在使用修改编辑图元命令的时候，往往需要进行多次操作，为了避免花费时间寻找命令的位置，可以使用快捷键加快操作的速度。

Revit 快捷键一般都是由两个字母组成的。在相应的工具提示中，可以看到快捷键的分配。快捷键主要分为建模与绘图工具常用快捷键、编辑修改工具常用快捷键、捕捉替代常用快捷键、视图控制常用快捷键四种类别。如表 2.5-1～表 2.5-4 所示。

建模与绘图工具常用快捷键 表 2.5-1

| 命令 | 快捷键 | 命令 | 快捷键 |
| --- | --- | --- | --- |
| 墙 | WA | 对齐标注 | DI |
| 门 | DR | 标高 | LL |
| 窗 | WN | 高程点标注 | EL |
| 放置构件 | CM | 绘制参照平面 | RP |
| 房间 | RM | 模型线 | LI |
| 房间标记 | RT | 按类别标记 | TG |
| 轴线 | GR | 详图线 | DL |
| 文字 | TX | | |

编辑修改工具常用快捷键 表 2.5-2

| 命令 | 快捷键 | 命令 | 快捷键 |
| --- | --- | --- | --- |
| 删除 | DE | 对齐 | AL |
| 移动 | MV | 拆分图元 | SL |
| 复制 | CO | 修剪/延伸 | TR |
| 旋转 | RO | 偏移 | OF |
| 定义旋转中心 | R3 | 在整个项目中选择全部实例 | SA |
| 阵列 | AR | 重复上上个选择 | RC |
| 镜像—拾取轴 | MM | 匹配类型对象 | MA |
| 创建组 | GP | 线处理 | LW |
| 锁定位置 | PP | 填色 | PT |
| 解锁位置 | UP | 拆分区域 | SF |

捕捉替代常用快捷键 表 2.5-3

| 命令 | 快捷键 | 命令 | 快捷键 |
| --- | --- | --- | --- |
| 捕捉远距离对象 | SR | 捕捉到运点 | PC |
| 象限点 | SQ | 点 | SX |
| 垂足 | SP | 工作平面网格 | SW |
| 最近点 | SN | 切点 | ST |
| 中点 | SM | 关闭替换 | SS |
| 交点 | SI | 形状闭合 | SZ |
| 端点 | SE | 关闭捕捉 | SO |
| 中点 | SC | | |

视图控制常用快捷键 表 2.5-4

| 命令 | 快捷键 | 命令 | 快捷键 | 命令 | 快捷键 |
|---|---|---|---|---|---|
| 区域放大 | ZR | 视图图元属性 | VP | 隐藏类别 | VH |
| 缩放配置 | ZF | 可见性图形 | VV | 取消隐藏图元 | EU |
| 上一次缩放 | ZP | 临时隐藏图元 | HH | 取消隐藏类别 | VU |
| 动态视图 | F8 | 临时隔离图元 | HI | 切换显示隐藏图元模式 | RH |
| 线框显示模式 | WF | 临时隐藏类别 | HC | 渲染 | RR |
| 隐藏线显示模式 | HL | 临时隔离类别 | IC | 快捷键定义窗口 | KS |
| 带边框着色显示模式 | SD | 重设临时隐藏 | HR | 视图窗口平铺 | WT |
| 细线显示模式 | TL | 隐藏图元 | EH | 视图窗口层叠 | WC |

# 第3章　标高和轴网的创建

**【导读】**
　　本章主要对 Revit 软件中标高和轴网的创建方法进行介绍。
　　第 1 节和第 2 节讲解了标高和轴网的创建方法以及标高的编辑。
　　第 3 节介绍了实际工程案例学生浴池的项目概况和图纸，并讲解了学生浴池标高轴网的创建过程。

## 3.1　标高的创建

　　标高表示建筑物各部分的高度，并且可以生成平面视图，反映建筑物构件在竖向的定位情况；轴网用于构件的定位，在 Revit 中轴网确定了一个不可见的工作平面。

### 3.1.1　创建标高的常用方法

　　接下来，以创建结构项目为例，首先以 Revit 默认的结构样板文件新建结构项目，"标高"命令必须在立面或者剖面视图中才可用，在立面视图中一般会有样板中的默认标高，任意双击打开"项目浏览器"中立面的"东"、"西"、"南"、"北"，即可弹出如图 3.1-1 所示的界面，各名称如图 3.1-2 所示。

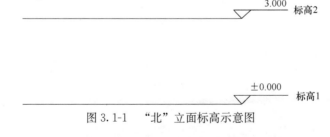

图 3.1-1　"北"立面标高示意图

　　**Step1**：使用"标高"命令创建标高。在【建筑】选项卡，【基准面板】上选择【标高】命令，即可绘制标高。鼠标移动到绘图区域标高上方，即可出现临时尺寸标准，选择要绘制的距离，鼠标左键单击，沿着标高的方向进行绘制，鼠标左键结束，即可完成绘制，系统将自动命名为"标高 3"，绘制完成后，如图 3.1-3 所示。

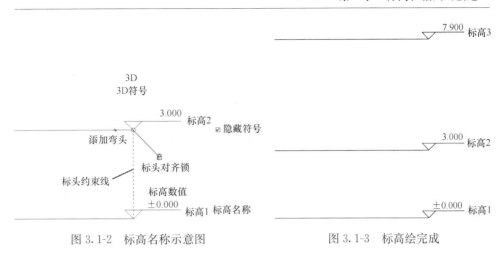

<table>
</table>

图 3.1-2　标高名称示意图　　　　　　　　　图 3.1-3　标高绘完成

**Step2**：使用"复制"的方法创建标高。在绘图区域内点选已有的标高，在功能区选择【修改】命令面板上的复制按钮。在选项栏上勾选约束（可在垂直或水平方向上复制标高）和"多个"（可连续多次复制标高），单击"标高 3"上一点作为起点，向上拖动鼠标，直接输入临时尺寸的数值，回车即可完成标高的复制，如图 3.1-4 所示。继续向上拖动鼠标输入数值，则可以复制多个标高。

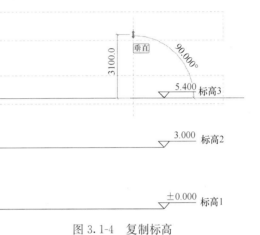

图 3.1-4　复制标高

**Step3**：使用"阵列"命令创建标高。使用阵列命令创建标高，适用于一次绘制多个等高距离的标高。在功能区选择【修改】命令面板上的【阵列】按钮。其选项栏如图 3.1-5 所示。

图 3.1-5　"阵列"命令选项栏

（1）勾选"成组并关联"，则阵列的标高是一个模型组，如果要编辑标高，需要解组后才可以进行编辑。

（2）"项目数"为包含原有标高在内的数量。

（3）勾选"移动到第二个"则在输入标高间距"3000"确定后，新创建的标高间距均为 3000mm。若勾选"最后一个"则新创建的多个标高与原有的变高间距和为 3000mm。

**Step4**：添加结构平面。使用"复制"或"阵列"创建的标高均是参照标高，在"项目浏览器"中的"结构平面"均不显示，如图 3.1-6 所示。

在"项目浏览器"中添加"标高 3"和"标高 4"的方法：点击视图选项卡上的【创建】面板，【平面视图】选项中的【结构平面】命令，在弹出的"新建结构平面"对话框中，选择"标高 3"和"标高 4"，点击"确定"按钮，如图 3.1-7 所示，此时项目浏览器上显示"标高 3"和"标高 4"。

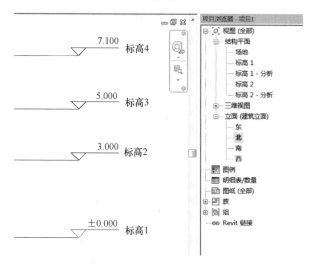

图 3.1-6　"项目浏览器"中不显示　　　　图 3.1-7　"新建结构平面"
"复制""阵列"标高　　　　　　　　　对话框

## 3.1.2　编辑标高

**提示：新建建筑项目时则需要选择楼层平面。**

**1. 设置标高类型**

（1）设置标高符号样式。激活"标高"命令后，单击【属性面板】上方【类型选择器】下拉列表的三角箭头，显示"上标头"、"下标头"和"正负零标头"三个选项，如图 3.1-8 所示，一般情况下，建筑标高零点的标注，选择"正负零标高"，零点以上选择"上标头"，零点以下选择"下标头"。

（2）修改标高参数。单击【属性面板】上方编辑类型命令，弹出如图 3.1-9 所示标高【类型属性】对话框，在该对话框下修改标高的参数信息。

各参数说明如下：

➢ 基面：若选择项目基点，则表示在某一标高显示的高程基于项目基点；若选择的"测量点"，则表示显示的高程点基于固定的测量点。

➢ 线宽：设置标高线的粗细程度。

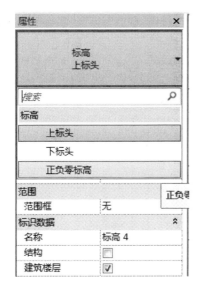
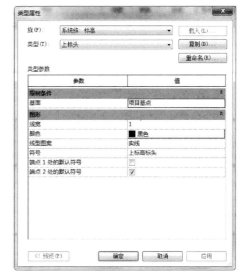

图 3.1-8　设置标高类型对话框　　　图 3.1-9　标高类型属性对话框

➤ 颜色：设置标高的颜色，以便于在创建新项目时进行区分和查找。

➤ 线型图案：设计标高线条的线型，可以选择已有的，也可以自定义，建筑选择"中心线"。

➤ 符号：确定是否显示标头符号，以及选择标高标头的样式。标高标头符号的设置可以根据实际情况进行设置。

**2. 标高标头的编辑**

（1）编辑"标头显示控制"。勾选标头显示控制图标，则显示标头、标高值以及标高名称等信息，若不勾选，信息被隐藏。如图 3.1-10 所示。

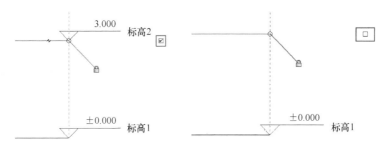

图 3.1-10　标高的显示控制

（2）添加弯头：若绘制标高时两个标高距离太近，可单击"添加弯头"符号进行调整，如图 3.1-11 所示，添加弯头后，在弯头的斜线上出现两个拖拽柄，左侧的拖拽柄用来调整弯头长度方向尺寸，右侧的拖拽柄用于调整弯头高度方向尺寸。若取消弯头，可将右侧的拖拽柄向下移动，与左侧拖拽柄对齐即可。

47

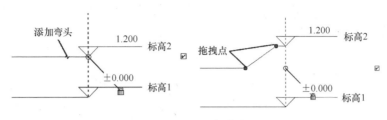

图 3.1-11　添加弯头

（3）锁定、解锁、对齐约束

在"对齐约束"锁定的情况下，拉动端点拖拽柄，可以看到对齐约束线上的所有标高端点都跟随拖动，如图 3.1-12 所示。若只想拖动某一根标高线的长度，需解锁对齐约束，然后进行拖拽，如图 3.1-13 所示。

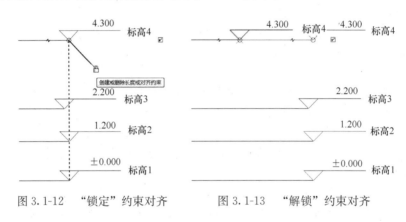

图 3.1-12　"锁定"约束对齐　　　　图 3.1-13　"解锁"约束对齐

（4）2D/3D 切换

标高的显示状态分为 3D 和 2D 两种状态，3D 状态下，标高端点拖拽柄显示为空心圆；2D 状态下，标高端点拖拽柄显示为实心点，如图 3.1-14 所示。

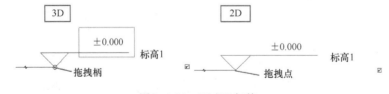

图 3.1-14　2D/3D 切换

**提示：2D 状态下所做的修改仅影响本视图，3D 状态下的修改仅影响所有平行视图。**

（5）标高重命名

点击标高文字处，在文字编辑框中输入新标高名称，如图 3.1-15 所示。

重命名后，按回车键或在空白处单击鼠标左键，弹出 3.1-16 所示对话框，点击"是"按钮，将名称的修改应用到相应的视图。

图 3.1-15　标高重新命名　　　　　　　　　图 3.1-16　Revit 对话框

## 3.2　轴网的创建

### 3.2.1　创建轴网的常用方法

"轴网"一般在楼层平面或结构平面进行绘制，点击【项目浏览器】中楼层平面或结构平面中的相关平面，如图 3.2-1 所示，图中四个小眼睛分别代表"东""西""南""北"四个立面，轴网在四个立面之间绘制即可。

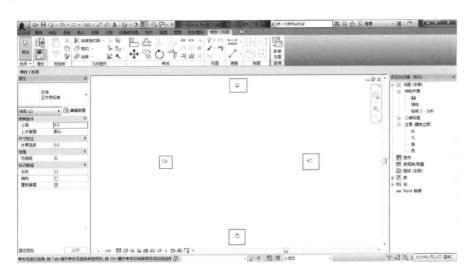

图 3.2-1　切换至相关楼层平面

**提示**：轴网的创建方式与标高的创建方式基本相同，在使用"轴网"工具时，增加了弧形轴线和多段网格工具。

使用"轴网"命令创建轴网。

单击【建筑】选项卡【基准】面板"轴网"命令，【功能区】上下文选项卡中显示绘制面板命令，如图 3.2-2 所示。

图 3.2-2　创建轴网绘制面板命令

**1. 绘制直线轴网**

单击"修改｜放置 轴网"上下文选项卡【绘制】面板"直线"命令，在绘图区域绘制第一条垂直直线，如图 3.2-3 所示。

将光标指向第一条轴线的端点，向右侧拖动鼠标，光标与第一条轴线之间会显示一个临时尺寸标注，至第一条轴线的另一个端点出现蓝色的标头对齐虚线，单击鼠标完成屏幕第二条轴线的绘制，轴号为 2，如图 3.2-4 所示。绘制完成后，连续按两次"Esc"键退出轴网的绘制工具。

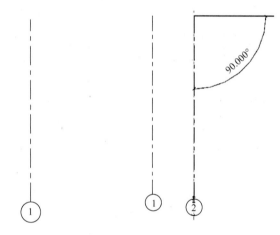

图 3.2-3　绘制第一条轴线　　　图 3.2-4　绘制第二条轴线

**2. 绘制弧线轴网**

单击"修改｜放置 轴网"上下文选项卡【绘制】面板"起点—终点—半径弧"命令，在绘图区域绘制弧线的起点后，移动光标显示两点之间的尺寸值，以及两端点连线与水平方向的角度，如图 3.2-5 所示。

根据临时尺寸的参数值单击确定终点位置，同时移动光标确定圆弧半径的方向及半径（可由键盘直接输入半径值），如图 3.2-6（a）和图 3.2-6（b）所示，当确定半径参数后，点击完成弧线绘制，如图 3.2-7 所示，此状态下可修改轴线的外观及位置。

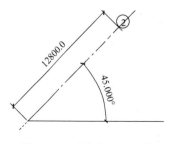

图 3.2-5　确定起点及尺寸

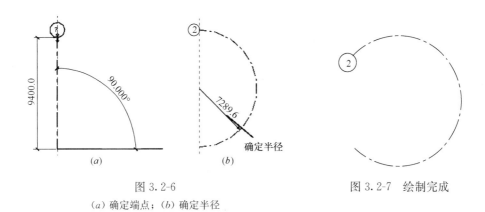

图 3.2-6

（a）确定端点；（b）确定半径

图 3.2-7　绘制完成

### 3. 绘制多段轴线

**Step1**：单击"修改｜放置 轴网"上下文选项卡【绘制】面板"多段"命令，进入"修改｜编辑草图"选项卡，在"绘制"命令面板上提供了创建多段轴网的工具，如图 3.2-8 所示。

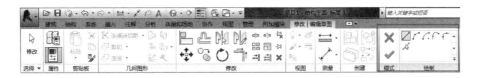

图 3.2-8　多段网格"绘制"命令面板

将图 3.2-8 所示的多段网格"绘制"命令面板上的各种绘图方法进行组合使用，可得到由多段线构成的连续轴线。

**Step2**：使用"复制"命令创建轴网。

使用复制命令创建轴网，指定轴间距有两种方法，一种是用鼠标在屏幕上进行拾取，另一种是通过键盘输入距离，具体操作如下：

➢ 使用直线命令创建 1 号轴线，如图 3.2-9 所示。

➢ 选择已有的 1 号轴线，屏幕上出现虚线选择框及图元的中心线，单击【修改】面板中的"复制"命令，在 1 号轴线上方单击捕捉一点作为复制的参照点，然后水平向右移动光标，观察标注的临时尺寸，调整鼠标的位置，如图 3.2-10 所示。

**Step3**：使用"阵列"命令创建轴网。

创建多条等间距的轴网时，可以使用阵列命令，其操作过程如下：

图 3.2-9　绘制 1 号轴线

➢ 使用直线命令创建 1 号轴线，如图 3.2-11 所示。

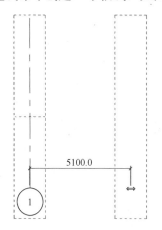

图 3.2-10　复制 2 号轴线　　　图 3.2-11　绘制 1 号轴线

➢ 选择已有的 1 号线，单击【修改】面板的"阵列"命令，在选项栏上取消勾选"成组并关联"选项；设置"项目数为 5"；移动到"第二个"。

➢ 在 1 号轴线上单击捕捉第一点作为复制的参考点，然后水平向右移动光标，屏幕上临时修改尺寸数值为 4000，如图 3.2-12 所示。

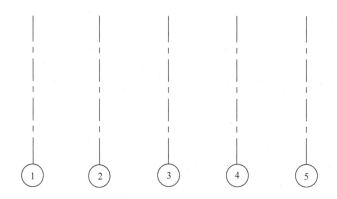

图 3.2-12　阵列完成轴网

提示：1. 国家标准规定，平面图中横向轴线的编号，应用阿拉伯数字从左向右顺次编写；竖向轴线的编号，用大写拉丁字母（I、O、Z）除外，从下至上顺次编写。

2. 绘制的轴网自动标准轴号，出现的 I、O、Z 字母，需要手动修改。

## 3.2.2　编辑轴网

轴网与标高一样，可以改变显示的外观样式。与标高的不同点在于轴网为楼层平面的图元，可以在各个楼层平面或结构平面设置不同的样式。

**1. 绘制轴网属性**

（1）激活绘制"轴网"命令后，单击【属性】面板上方的【类型选择器】下拉列表三角箭头，默认有三种轴网类型，分别为 6.5mm 编号、6.5mm 编号自定义间隙和 6.5mm 编号间隙，如图 3.2-13 所示。

（2）修改轴线参数。以 6.5mm 编号为例，单击【属性面板】上方"编辑类型"命令，弹出如图 3.2-14 所示对话框，在该对话框中修改轴网的参数信息。

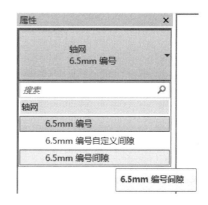

图 3.2-13　轴网类型选择器对话框

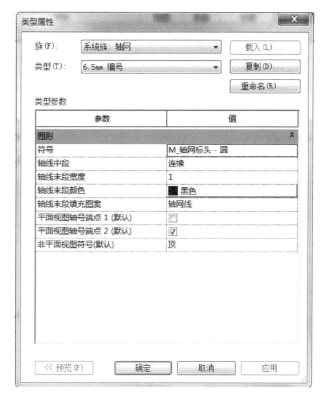

图 3.2-14　轴网"类型属性"对话框

各参数说明如下：

➢ 符号：确定是否显示轴线标头的符号，以及选择轴线标头的样式。轴线标头的样式根据实际情况进行选择。

➢ 轴线中段：在轴网中显示轴线中段的类型，有"连续"、"无"、"自定义"

3 种类型。

➤ 轴线末端颜色：表示轴线的颜色。

➤ 轴线末端宽度：表示轴线的宽度。

➤ 轴线末端的填充图案：若轴线中段选择为"自定义"类型，则使用填充图案来表示轴网中段的样式类型。

➤ 轴线末端长度：若轴线中段选择为"无"类型，则轴线两侧随轴线末端长度设置的参数绘出长度。

➤ 平面视图轴号端点 1：在平面视图中，用于显示轴线起点处是否显示轴头符号。

➤ 平面视图轴号端点 2：在平面视图中，用于显示轴线终点处是否显示轴头符号。

➤ 非平面视图符号：在立面和剖面视图中，轴网上显示标头符号的默认位置。有"顶""底""两者""无"四种选择。

**2. 轴线标头的编辑**

（1）标头显示控制

在屏幕上勾选"标头显示控制"图标，则在屏幕上显示轴头（轴线编号），如图 3.2-15 所示。若不勾选，如图 3.2-16 所示。

图 3.2-15　显示标头　　　　　　　　图 3.2-16　隐藏标头

（2）添加弯头

如在绘制轴网时，两个轴线的距离太近，可添加弯头进行调整，如图 3.2-17 和图 3.2-18 所示。

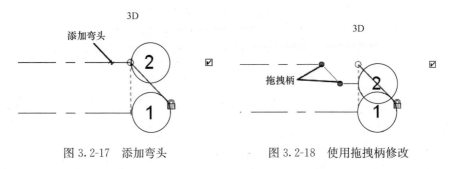

图 3.2-17　添加弯头　　　　　　　　图 3.2-18　使用拖拽柄修改

（3）锁定、解锁"对齐约束"

在"对齐约束"锁定的状态下，拉动端点拖拽柄，可以看到对齐约束的所有轴线端点都跟着拖动；若拖动某一条轴线的长度，则需要解锁对齐约束，然后再拖拽。

（4）2D/3D 切换

轴线的显示状态分为 3D 和 2D 两种状态，3D 状态下，轴线端点拖拽柄显示为空心圆；2D 状态下，轴线端点拖拽柄显示为实心点，与标高显示切换一致，这里不再赘述。

**提示：2D 状态下所做的修改仅影响本视图，3D 状态下的修改仅影响所有平行视图。**

（5）轴线重命名

对轴线进行重新命名，可以在屏幕上点击轴号文字，在文字编辑中输入新的轴线标号，与标高的更改一致，这里不再赘述。

# 3.3　实战训练—学生浴池项目

## 3.3.1　项目概况

在进行模型创建之前，读者需要熟悉学生浴池项目的基本情况。

**1. 项目说明**

工程名称：学生浴池

总建筑面积：1942.92m²

建筑基底面积：823.35m²

建筑高度：11.55 米（室外设计地面至屋面面层）

建筑层数、层高：地上二层，层高 3.6m。

建筑功能：一、二层为浴池，顶部设置热水水箱间及风机房

建筑设计标高：±0.000 相当于绝对标高 171.200m

设计使用年限分类为 3 类，设计使用年限为 50 年

结构形式：框架结构

抗震设防烈度为六度

**2. 模型创建要求**

➢ 外墙 300mm 厚非黏土烧结空心砖/240mm 厚非黏土烧结实心砖，外部采用瓷砖贴面。

➢ 内墙：100mm、200mm 厚非黏土烧结空心砖，有水房间选用 240mm 厚非黏土烧结实心砖（具体选用位置详见平面图）。

➢ 楼板层采用 100mm 厚的现浇钢筋混凝土，面层采用水磨石。

➢ 门窗均采用塑钢节能门窗。

本学生浴池项目包括建筑和结构两部分内容。创建模型时，应尽量严格按照图纸的尺寸进行创建，如有尺寸标注不清，请读者依据比例自行估计尺寸即可。

**3. 建筑图纸**

本书提供了学生食堂项目的整套建筑和结构 CAD 图纸。读者可以扫描下面的二维码或输入下列链接地址进行下载。

下载二维码：

下载链接地址：https://pan. baidu. com/s/1TiP5sROMxCmN-IACz9i8Pg

结合本节的项目图纸，可以在 Revit 中建立精确、完整的 BIM 模型。在本书后面的章节中，将通过实际操作步骤，创建学生浴池项目的结构和建筑模型，并使用该模型进行漫游和渲染。

## 3.3.2　学生浴池标高轴网的创建

**1. 新建学生浴池结构项目**

在使用 Revit 进行项目建模时，新建项目时样板文件的选择尤为重要，通常企业用户会建立本企业的标准化样板，而一般用户或教学使用默认样板文件即可满足需要。

（1）样板设置

在联网状态下完成 Autodesk Revit 2016 的安装后，在默认的安装路径的文件夹中会默认自带的族库、族样板以及项目样板，但是由于软件自带的项目样板内容比较简单，需要根据项目的实际情况进行设置，在项目创建模型前，先定义好样板，包括项目的度量单位、标高、轴网、线型、可见性等内容。

（2）选择样板文件

**Step1**：双击打开 Revit 2016，直接在"最近打开的文件"界面中，直接单击"项目"中的"新建"按钮或使用"Ctrl＋N"，如图 3.3-1 所示，或在"应用程序菜单"下单击"新建"→"项目"按钮。如图 3.3-2 所示。

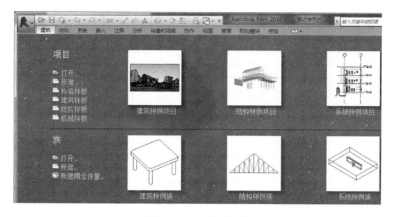

图 3.3-1　新建界面

**Step2：**单击"新建项目"对话框，可以直接通过下拉箭头选择"结构样板"并勾选"项目"，如图 3.3-3 所示，单击"确定"按钮，即可开始项目的正式创建。或者单击"浏览"按钮，可在选择本地文件夹中的样板。

图 3.3-2　新建项目　　　　　　　　　图 3.3-3　选择结构样板

（3）项目设置

安装完软件进行新建项目时，会弹出"英制"与"公制"的选择框，根据项目要求选择所需的度量单位。在进入项目建模界面后，可单击"管理"选项卡→"设置"面板→"项目单位"选项，在"项目单位"对话框中，可根据不同的格式设置项目单位，如图 3.3-4 所示。

（4）项目保存

**Step1：**单击"应用程序菜单"按钮—"保存"命令，快捷键为 Ctrl＋S，或单击"快速访问工具栏"上的"保存"按钮，打开"另存为"对话框，如图

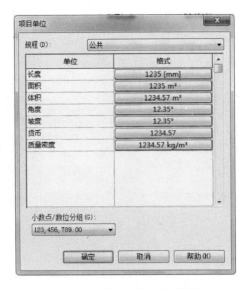

图 3.3-4　项目单位设置对话框

3.3-5 所示。

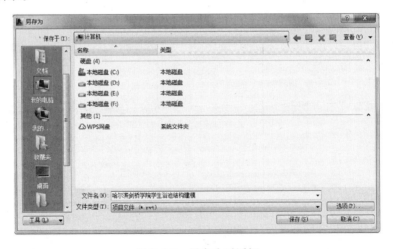

图 3.3-5　另存为对话框

提示：在建模过程中要经常保存，以免出现断电、软件或系统崩溃等突发情况，设置保存路径。

Step2：输入项目文件名为"学生浴池结构建模"，单击"保存"即可保存项目。点击保存后，将在所保存的文件夹中生成一个名为"学生浴池结构建模.rvt"，但当再次点击保存时，将会增加生成一个名为"学生浴池结构建模0001.rvt"的文件，该文件为过程文件，主要起到备份的作用，读者在后续应用时仍应以原文件"学生浴池结构建模.rvt"为准。

**2. 创建学生浴池结构标高轴网**

（1）建模思路

设置项目样板→新建项目→绘制标高→编辑标高→设置项目基点→绘制轴网→编辑轴网→锁定。

（2）创建标高

**Step1**：新建项目。单击【应用程序菜单】下拉列表中的"新建"，选择"项目"，在弹出的"新建项目"对话框中选择"结构样板"作为样板文件，开始项目的设计。

**Step2**：在【项目浏览器】中展开立面，双击"北"，进入北立面视图。

**Step3**：使用建筑立面图创建标高比较方便，根据"学生浴池"建筑图创建标高。

**提示：用建筑标高创建结构图标高需要降板，降板深度为 50mm。**

**Step4**：调整"标高 2"标高。将"标高 1"与"标高 2"的层高修改为3.55m，直接修改"标高 1"和"标高 2"之间的临时标注，或在"标高 2"的标头上直接输入高程点 3.55，如图 3.3-6 所示。

**Step5**：选择【建筑】选项卡中【基准】面板上的"标高"命令，绘制标高3，使其高度为 7.15m。也可任意创建标高后再修改层高，但注意绘制时应使标高线对齐，以使得美观便于后期应用。

**Step6**：利用"复制"命令，创建 7.95m、10.75m 和 11.85m 处标高，绘制完成后如图 3.3-7 所示。

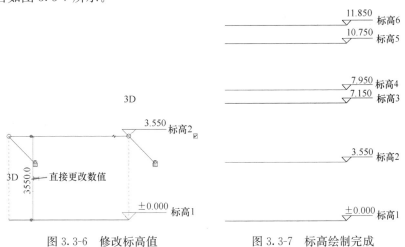

图 3.3-6　修改标高值　　　　　　　图 3.3-7　标高绘制完成

**Step7**：选择【建筑】选项卡中【基准】面板上的"标高"命令，切换标高的类型为"下标头"，按照创建"标高"的方法，绘制距离 ±0.000 标高距离为0.45m，更改"标高 7"的名称为 −0.45。

**Step8**：绘制完成后，在右侧的【项目浏览器】中，结构平面发现不显示"复制"后的标高，单击【视图】选项卡，【创建】面板中"平面视图"命令，选择"结构平面"，弹出"新建结构平面"对话框，将"标高 3"、"标高 4"、"标高 5"和"标高 6"全部选择，选择完成后，在【项目浏览器】中即可显示。

（3）创建轴网

**Step1**：在项目浏览器中，双击"结构平面"中的标高 1，弹出"标高 1"的平面视图。

**Step2**：根据"学生浴池"建筑图创建轴网。

**Step3**：创建轴网之前，先对"项目基点"进行设置，按键盘"V"键两次，弹出"标高 1 的可见性/图形替换"在"过滤器列表"中勾选"建筑和结构"，如图 3.3-8 所示，在"可见性"行中勾选"场地"命令，在"场地"命令下选择"项目基点"，对项目基点进行勾选，选择完成后如图 3.3-9 所示。

图 3.3-8　标高 1 的可见性/图形替换

图 3.3-9　设置项目基点

**Step4：**单击"确定"命令，完成"项目基点"的设置，返回到绘图区域，即可看见"项目基点"的示意图，如图 3.3-10 所示。

**Step5：**创建轴网，将轴网的 1 轴与 A 轴定义到"项目基点"上，绘制完成后如图 3.3-11 所示，根据"学生浴池"建筑图上一节所讲内容，绘制轴网即可。

图 3.3-10　项目基点示意图　　　图 3.3-11　项目基点

**Step6：**标注尺寸标注。为显示各个轴线之间的间距，对轴网进行尺寸标注。点击"标注"中的"对齐"进行尺寸标注，标注完成后，如图 3.3-12 所示。

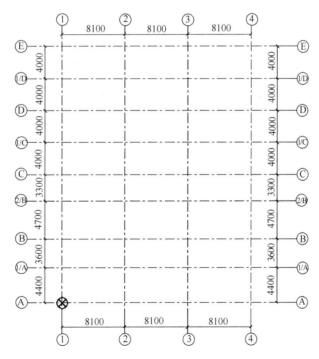

图 3.3-12　学生浴池标高轴网

**Step7：**保存文件。

# 第4章　结构（基础、梁和柱）的创建

【导读】

　　本章利用第3章学生浴池项目标高轴网模型进行结构部分模型的创建，主要包括结构基础、梁和柱。

　　第1节以独立基础为例，讲解了结构基础的创建方法。

　　第2节讲解了在项目中导入CAD图纸的方法。

　　第3节讲解了结构柱的创建方法。

　　第4节讲解了结构梁的创建方法。

## 4.1　结构基础的创建

　　Revit中提供了三种基础形式，分别为独立基础、条形基础和基础底板，用于创建不同类型的基础，学生浴池项目的基础形式为独立基础。基本创建步骤如下：

　　**Step1**：打开第3章最后保存的学生浴池标高轴网项目，如图4.1-1所示。

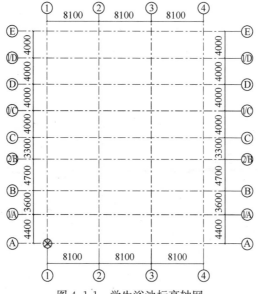

图 4.1-1　学生浴池标高轴网

**Step2**：按照"学生浴池"基础平面布置图进行建模，以基础平面布置图（图 3.3-9）中的"JC-1"为例，进行独立基础的创建。

**Step3**：打开"项目浏览器"，双击"结构平面"中"标高 1"，进入标高 1 平面视图。单击【结构】选项卡下的【基础】面板中选择"独立基础"命令，找到与图纸中相对应的独立基础，如果左侧【属性栏】中没有与图纸类似的独立基础，这时需要进行载入。

**Step4**：在"修改｜放置 独立基础"上下文选项卡【模式】面板中选择"载入族"命令，弹出"载入族"对话框，默认弹出"China"文件夹即为默认的族库位置，如图 4.1-2 所示。

提示：如弹出文件夹中并非"China"文件夹，可以点击上一步尝试找到"China"文件夹；如文件夹中无可载入族文件，则很可能为软件族库安装错误，需要重新进行安装。

图 4.1-2　"载入族"对话框

**Step5**：双击"结构"文件夹，再双击"基础"文件夹，找到"独立基础-坡形截面"，单击"打开"，即可将族进行载入，如图 4.1-3 所示。

**Step6**：载入完成后，在左侧的【类型属性】对话框中即可显示刚载入的"独立基础-坡形截面"，单击"编辑类型"按钮，弹出"类型属性"对话框，对刚载入的"独立基础-坡形截面"进行"类型参数"的设置。

**Step7**：根据"JC-1"的尺寸，单击右上角"复制"命令，弹出"复制"命令对话框，如图 4.1-4 所示，修改名称为"JC-1"，根据图纸更改"长度"为2300mm，"宽度"为 2300mm 等，具体参数如图 4.1-5 所示。

**Step8**：定义完成后，软件自动切换到绘图区域，在轴网上找到 1-E 轴相交位置，鼠标左键单击即可放置，放置后结构基础中心将位于轴线的交点处，如图4.1-6 所示。

图 4.1-3　选择基础族

图 4.1-4　修改基础名称

图 4.1-5　"类型属性"修改

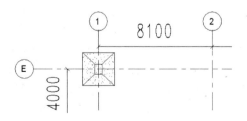

图 4.1-6　放置基础

**Step9**：本项目的独立基础基本均为偏轴基础，并非居中放置在轴网处，因此需要进行独立基础位置的微调。以 1 轴和 E 轴交点的"JC-1"为例，选中该基础并未出现临时尺寸，此时基础中心与轴线的距离不能通过简单的修改临时尺寸进行更改，如图 4.1-7 所示。

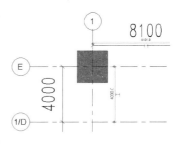

图 4.1-7　选中基础

**Step10**：选中独立基础，按住鼠标左键向左下进行拖动，或者在键盘上按"上下左右"按钮，这时将会发现已经出现临时尺寸的标注。根据图纸中基础左右两侧的数值，如图 4.1-8 所示，将拖拽临时尺寸界限端点拖到需要的位置，点击临时尺寸数值进行修改输入即可，修改完成后，如图 4.1-9 所示。

**提示**：拖拽端点必须采用左键按住边界点后，拖拽至目标的实体位置，仅对齐目标线但未与目标实体相交将很可能导致拖拽无效。

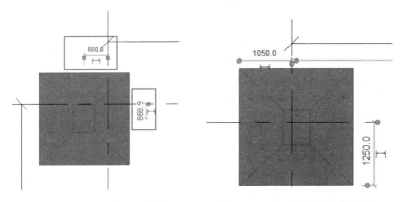

图 4.1-8　临时尺寸边界拖动　　　　　图 4.1-9　临时尺寸边界修改后

从上述放置和更改位置的方法可以发现，若按照此方法完成所有柱尺寸的更改需要耗费较长的时间。在有 CAD 电子图纸的情况下，按照下一节介绍的导入 CAD 底图的方式建模会大幅度提升建模效率。

## 4.2　导入 CAD 图纸

在【插入】选项中有【链接 CAD】和【导入 CAD】两种工具，见图 4.2-1。

图 4.2-1　链接与导入 CAD

【链接 CAD】是将 CAD 图纸作为链接的方式置于项目中，优点为 CAD 图纸原文件更新后，项目中的图纸也会随着更新；缺点为若原 CAD 文件丢失或链接失效，项目中 CAD 底图也随着消失。

【导入 CAD】是将 CAD 图纸导入项目中作为项目的一部分，优点和缺点与【链接 CAD】恰好相反。由于本项目的 CAD 图纸不需再进行更改，在此推荐使用【导入 CAD】方式。

导入图纸前，首先需要对 CAD 图纸进行编辑，在此以较低版本的 CAD2007软件为例讲述 CAD 图纸导入前的编辑工作。

**Step1**：打开图纸。使用 CAD 软件（2004 以上版本）打开本书附带的大学浴池结构基础图。

**Step2**：拆分图纸。框选中结构基础图纸，使用写块命令"W"（wblock）进行写块，注意更改文件路径和名称及插入单位"毫米"，点击"确定"按钮，如图 4.2-2 所示，将"结构基础"从所有结构图纸中分离至单独"结构基础.dwg"文件，读者可打开该文件查看进行验证。

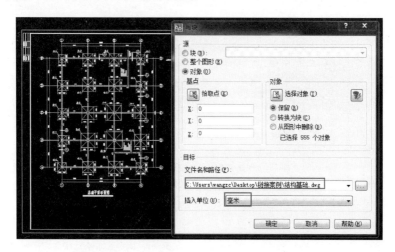

图 4.2-2　CAD 软件中写块拆图的基本设置

**Step3**：导入图纸。切换至 1F 结构视图，点击【插入】→【导入 CAD】，在基本设置中将"导入单位"改为"毫米"，"定位"改为"自动-中心到中心"使导入后的图纸居于项目视图的中心，勾选"仅当前视图"仅将图纸放置于当前1F 结构平面视图中，点击"打开"进行导入，见图 4.2-3。

**Step4**：底图对齐。导入后 CAD 底图中的轴网与项目轴网并未相对应，使用修改中"对齐"或"移动"工具将 CAD 底图移动，使之与项目轴网相对齐。若CAD 底图中带颜色的线条显示不清，可将 Revit 绘图区域背景色改为黑色，方法为点击左上角 在图形选项卡，将背景色改为"黑色"。

图 4.2-3　导入 CAD 的基本设置

　　提示：项目中的轴网放置位置已经调整正确，**CAD 底图导入后应移动 CAD 底图与项目轴网对齐，不要错误将项目的轴网进行移动。对齐轴网后，也可以考虑将 CAD 底图锁定，防止错误操作后使底图移动。**

　　**Step5**：CAD 底图导入后，可以清晰地捕捉底图中独立基础的边缘。通过"对齐"或"移动"工具快速将已经放置于轴网处的独立基础对齐至 CAD 底图的基础位置，使用视觉样式中的"着色模式"会更便于操作，其他独立基础的创建方式与"JC-1"的创建相同，在这里不再赘述，创建完成后如图 4.2-4 所示。

　　双击项目浏览器中"三维"可以查看三维空间位置，如图 4.2-5 所示。

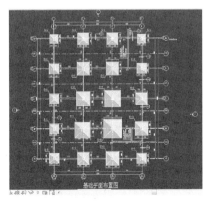

图 4.2-4　基础绘制平面图

图 4.2-5　基础绘制三维模型

　　如果在建模过程中不需要显示 CAD 底图，使用快捷键"VV"或"VG"，在可见性中选择"导入的类别"选项卡（图 4.2-6），取消"结构基础.dwg"前面的"√"后，点击确定按钮，则 CAD 底图在此平面视图中不再显示。若要恢复显示，再次到可见性中勾选"√"图标即可。

图 4.2-6　基础绘制平面图

**Step6**：根据基础设计说明，基础顶标高应为－2.45m，因此需要对基础进行偏移，具体操作如下：

在绘图区域框选所有图元，选择完成后，切换"修改｜选择多个"上下文选项卡，在【选择】面板上选择"过滤器"命令，如图 4.2-7 所示，点击"放弃全部"按钮，仅保留"类别"中的结构基础，点击"确定"，即可选中全部基础，如图 4.2-8 所示。

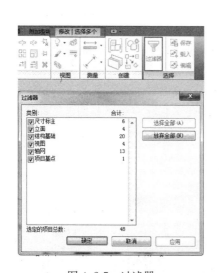

图 4.2-7　过滤器

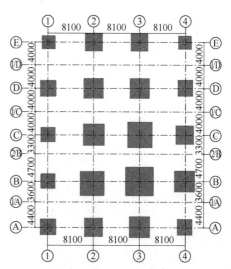

图 4.2-8　过滤器选择基础

选择完成后，在左侧的属性栏中找到"限制条件"下的偏移量，如图 4.2-9所示，根据图纸可知向下偏移 2.45m。即输入－2450 即可完成基础标高的下降。

**Step7**：点击"应用程序菜单"中"另存为"命令，命名为"学生浴池结构基础"进行保存。

图 4.2-9　独立基础属性栏

## 4.3　结构柱的创建

Revit 中提供了不同类别的柱，分为结构柱和建筑柱，建筑柱用于墙垛、装饰柱等。在框架结构模型中，结构柱是用来支撑上部结构并将荷载传至基础的竖向构件。

在"学生浴池"项目中，可以从"标高 1"开始，分层创建各层的结构柱，接下来根据已经创建完成的结构基础模型，创建"学生浴池"项目的结构柱，首先需要先定义项目中需要的结构柱类型。

**Step1**：切换至"标高 1"结构平面视图，并检查设置结构平面视图"属性"面板中的"规程"为"结构"，下拉规程选项可以看到不同的规程形式。用于显示不同规程所定义的模型图元，在此使用"结构"规程，如图 4.3-1 所示。

**Step2**：在标高 1 结构平面视图下，单击【结构】选项卡下的柱工具，进入结构柱的放置模式，自动切换至"修改｜放置结构柱"上下文选项卡，默认为垂直柱，特殊情况下可改为"斜柱"，如图 4.3-2 所示。

**Step3**：单击【属性】面板中的"编辑类型"按钮，

图 4.3-1　结构规程

69

图 4.3-2　修改 | 放置结构柱

打开"类型属性"对话框，选择族为"混凝土→矩形→柱"（若没有此族类型，采用与基础同样的方法进行载入），如图 4.3-3 所示。

图 4.3-3　"载入族"对话框

**Step4**：选择左侧属性栏中的"编辑类型"按钮，单击"复制"按钮，以 KZ-1 柱为例。在弹出的"名称"对话框中输入"KZ-1 500 * 500"，作为新类型的名称，完成后单击"确定"按钮返回至【类型属性】对话框。

**Step5**：修改类型参数"b"和"h"（分别代表结构柱的截面宽度和深度）的值为"500"和"500"，如图 4.3-4 所示，完成后单击"确定"按钮，退出"类型属性"对话框，完成 KZ-1 柱的基本设置。

**Step6**：确认"修改 | 放置结构柱"面板中柱的放置方式为"垂直柱"；修改选项栏中结构柱的生成方式为"高度"，在其后方的下拉列表中选择结构柱到达的标高为"标高 2"，代表结构柱从本视图"标

图 4.3-4　修改结构柱属性

高 1"建立到"标高 2"，如图 4.3-5 所示。

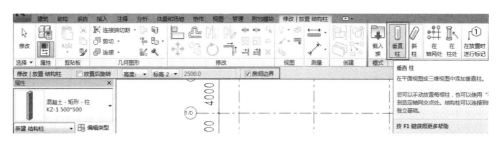

图 4.3-5 修改｜放置结构柱

**Step7**：将鼠标挪动到绘图区域，将会出现"矩形柱"的预览位置，鼠标放置于 1 轴和 A 轴的交点处会出现自动捕捉，单击鼠标左键即为放置于轴线的相交处矩形柱 KZ-1 500＊500 的柱子，如图 4.3-6 所示。

**Step8**：本项目的结构柱基本均为偏轴基础，并非居中放置在轴网处，因此需要进行结构柱的微调。以 A 轴和 1 轴"KZ-1 500＊500"为例，选中该结构柱并非出现临时尺寸的位置。

**Step9**：选中"KZ-1 500＊500"，按住鼠标左键向左下进行拖动，会出现临时尺寸的标注，根据图纸中"KZ-1 500＊500"左右两侧的数值，将拖拽点拖到需要的位置，点击临时尺寸数值进行输入即可，修改完成后，如图 4.3-7 所示。

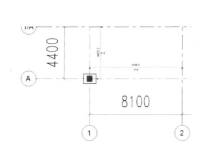

图 4.3-6 放置结构柱示意图

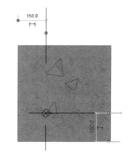

图 4.3-7 放置结构柱

**Step10**：其他结构柱的绘制方式与"KZ-1 500＊500"的绘制相同，在这里不再赘述。绘制完成后如图 4.3-8 所示。

**Step11**：结构柱连接独立基础。在【项目浏览器】中双击"北"立面，在"北"立面框选所有的结构柱，通过"过滤器"将结构柱进行选

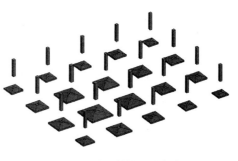

图 4.3-8 首层结构柱绘制完成

中，如图 4.3-9 所示。

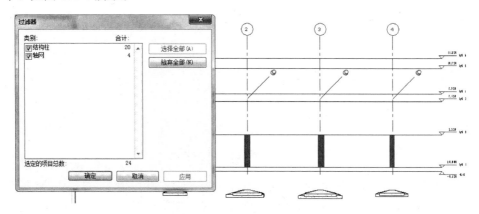

图 4.3-9　立面选择结构柱

图 4.3-10　底部偏移

**Step12**：点击"放弃全部"按钮，只保留"结构柱"，单击"完成"按钮。即可选中所有的结构柱。

**Step13**：选择完成后，在属性栏中找到"底部偏移"将其数值更改为-2450，即可连接独立基础，如图 4.3-10 所示。

**Step14**：若"标高 1"与"标高 2"的结构柱全部相同的情况下，采用复制的方法进行创建，可以提高建模的速度，下面对"复制"的方式进行讲解。

**Step15**：在【项目浏览器】中双击进入"标高 1"楼层平面，框选所有绘图区域的图元，通过"过滤器"仅保留结构柱，单击"确定"按钮，绘制完成后，在"修改|结构柱"上下文选项卡中【剪切板】面板上选择"复制到剪切板"命令，如图 4.3-11 所示。

**Step16**：选择"从剪切板中粘贴"命令，与选定的标高对齐，弹出"选择标高"对话框，对应选择相应的楼层即可完成所有结构柱的绘制。绘制完成后，如图

4.3-12 所示。

图 4.3-11　"复制到剪切板"

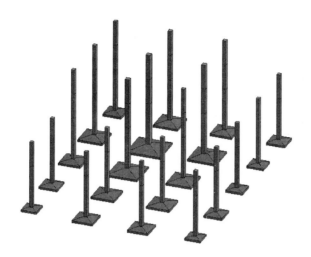

图 4.3-12　结构柱全部绘制完成

　　提示：**1.** 可以根据上部分所讲解的内容进行逐一放置，也可以采用复制的方法，根据项目的具体情况而定。

　　**2.** 如果柱重叠，可以相应更改"底部偏移"数值。

　　**3.** 复制后的结构柱，多的可以删除，少的可以添加。

## 4.4　结构梁的创建

　　Revit 中提供了梁和系统梁两种创建结构梁的方式。使用梁必须载入相关的梁族文件。

　　**Step1：**切换至"标高 1"结构平面视图，检查并设置结构平面视图"属性"面板中的"规程"为"结构"。

　　**Step2：**结构梁标高可从一层顶梁平法施工图中得出，根据图纸，切换到"标高 2"结构平面，点击【结构】选项卡，【结构】面板中的"梁"命令，软件自动切换到"修改 | 放置 梁"上下文选项卡中，在【类型选择器】中选择"混凝土→矩形梁"（如果没有，在族库中进行载入），如图 4.4-1 所示。

　　**Step3：**单击"打开"按钮，即可载入矩形梁，载入完成后，选择左侧【属性栏】中的"编辑类型"按钮，单击"复制"按钮，在弹出的"名称"对话框中输入"KL-5 300＊450"（以 A 轴上的梁为例），作为新类型的名称，完成后单击"确定"按钮返回至【类型属性】对话框。

　　**Step4：**修改类型参数"b"和"h"（分别代表梁的截面宽度和高度）的值为"300"和"450"，如图 4.4-2 所示，完成后单击"确定"按钮，退出"类型属性"对话框，完成设置。

图 4.4-1　"矩形梁"族库

图 4.4-2　"矩形梁"类型属性

**Step5**：确认【绘制】面板中的绘制方式为"直线"，设置【选项栏】中的放置平面为"标高 2"，修改结构用途为"大梁"，不勾选"三维捕捉"和"链"选项，设置完成后如图 4.4-3 所示。

图 4.4-3　修改｜放置梁对话框

**Step6**：确认【属性栏】中的"Z 方向对正"设置为"顶"。即所绘制的结构梁将以梁图元顶面与"放置平面"标高对齐，如图4.4-4所示，移动鼠标至A轴与1轴的交点单击鼠标左键作为起点，沿着A轴向右进行绘制到4轴与A轴的交点作为梁的终点，绘制完成"KL-5 300＊450"，绘制完成后如图4.4-5所示。

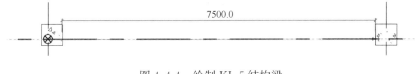

图 4.4-4　绘制 KL-5 结构梁

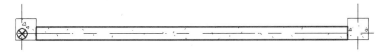

图 4.4-5　KL-5 创建完成

**Step7**：KZ-5 梁与柱的关系为梁与柱外边缘平齐，因此需对所创建的梁做对齐处理。使用"对齐"命令，进入对齐修改模式。鼠标移动到结构柱外侧边缘位置，单击作为对齐的目标位置，再次对齐梁外侧边缘，单击鼠标左键，梁外侧边缘与柱外侧边缘对齐。

**Step8**：使用类似的方式，绘制"标高2"结构平面视图的其他部分的梁。标高2所有梁创建完成后，标高切换至其他标高平面继续进行结构梁的创建。

提示：注意梁与结构柱外侧边缘是否对齐，其梁是否居中于轴线，如果未居中，需要做偏心处理，与结构柱和基础的处理方法相同，这里不再赘述。

**Step9**：创建完成后如图4.4-6所示。保存模型命名为"结构完成"，完成"学生浴池"结构建模。

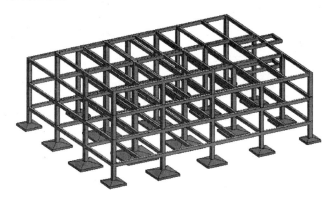

图 4.4-6　结构建模完成示意图

# 第 5 章    建筑墙的创建

【导读】

　　本章主要对墙和幕墙的创建方法进行讲解，包括墙的三种类别：基本墙、叠层墙和幕墙，墙和幕墙的基本编辑方法，并根据实际的"学生浴池"进行创建墙体。

　　第 1 节讲解了不同类型墙体的参数设置和属性设置方法。

　　第 2 节讲解了墙和幕墙的编辑方法。

　　第 3 节讲解了墙体类型的标注。

　　第 4 节通过学生浴池项目，讲解了实际工程中学生浴池项目墙体的创建方法，并对链接 Revit 模型的基本方法进行了介绍。

## 5.1    墙体的类型

　　墙体是建筑物的重要组成部分。它的作用是承重、围护或分隔空间。墙体按墙体受力情况和材料分为承重墙和非承重墙，按墙体构造方式分为实心墙，烧结空心砖墙，空斗墙，复合墙等。

图 5.1-1    砌体墙

图 5.1-2    玻璃幕墙

　　在平面视图中，单击【建筑】选项卡【构建】面板中的"墙"命令的下拉列表，弹出墙的类型，Revit 中墙的类型有：墙"建筑"、墙"结构"、"面墙"、墙"饰条"和墙"分隔缝"五种。

　　➤ 墙"建筑"：在建模中创建非承重的墙。

76

➤ 墙"结构"：在建筑模型中创建的承重墙或剪力墙。

➤ 面墙：可以用体量面或常规模型来创建的墙。

➤ 墙"饰条"：在编辑垂直复合墙的结构时，使用墙"饰条"工具来控制墙饰条的放置和显示。

➤ 墙"分隔缝"：使用墙"分隔缝"工具将装饰用"水平剪切""垂直剪切"添加到立面视图或三维视图中的墙。

### 5.1.1　墙体的参数设置

在楼层平面视图或三维视图中，单击【建筑】选项卡【构建】面板"墙"下拉列表命令下，进入工作界面。

**1. 选择墙类型**

单击属性面板类型选择器下拉列表。显示如图 5.1-3 所示，系统中提供了"墙"类型下拉列表，分别为"叠层墙"、"基本墙"和"幕墙"三种类型，所有的类型都是通过 3 种系统族，建立不同样式的参数来定义的。

各种类型墙说明如下：

➤ 叠层墙：由叠放在一起的两面或多面组合成的**墙体**。

➤ 基本墙：在构建过程中常用的垂直结构构造的**墙体**，使用频率非常高。

➤ 幕墙：附着到建筑结构，不承担建筑楼板或屋顶荷载的一种外墙。

**2. 墙的类型属性**

单击属性面板上的编辑类型命令，弹出如图 5.1-4 所示墙的"类型属性"对话框，在该对话框中可以修改墙的类型参数信息。

图 5.1-3　创建"墙"下拉列表

图 5.1-4　"墙"类型属性对话框

创建新的墙"类型"，单击"复制（D）…"按钮，如图 5.1-5 所示"名称"对话框，因为是复制"常规－200mm"墙，系统将自动提供一个"常规－200mm 2"的类型名称，可根据需要进行修改。

图 5.1-5　系统自动命名对话框

拖拽图 5.1-4 所示"墙"的"类型属性"对话框右侧的滚动条，可以看到墙"类型参数"，其中包含结构、图形、材质和装饰、尺寸标注、标示数据、分析属性等，本节仅仅对构造和图形的参数做简单讲解，如需对其他参数进行设置，可按"F1"进行获取帮助。

结构：单击右侧的"编辑…"对话框右侧的滚动条，弹出如图 5.1-6 所示对话框，在该对话框中可设置墙体的功能、材质、厚度等信息。

图 5.1-6　"墙"的编辑部件对话框

➢ 在插入点包络：设置插入点的层包络，可包络复杂的插入点，如非矩形对象、门和窗。

➢ 在端点包络：设置端点处的层包络。

➢ 厚度：通过结构功能的不同，设置具体的厚度值，若此处显示为"灰色"，则不能在此处修改参数。需要通过结构—单击右侧的"编辑…"对话框进行修改。

➢ 功能：可将创建的墙体设置为外部、内部、基础墙、挡土墙、檐底板、核心竖井等类别。

➢ 粗略比例填充样式：设置在粗略比例视图中墙的有填充样式类别。

➢ 粗略比例填充颜色：设置不同的颜色，用于区别粗略比例填充视图中的墙填充样式。

**3. 墙的实例属性**

在墙体的【属性】栏中，可以设置墙体的实例属性。主要包括墙体的定位线、高度、底部和顶部的约束与偏移等，如图 5.1-7 所示，该对话框中有些参数为暗显，这些参数可以在三维视图、选中构件、附着时或修改结构墙状态下为亮显。

定位线：在屏幕上指定的路径或拾取的路径与墙

图 5.1-7　"墙"实例属性

的哪一个平面对齐。在选项栏单击"定位线"编辑栏下拉列表的三角箭头，显示如图 5.1-8 所示。在 Revit 中，墙的核心层是主结构层。在简单的砖墙中，"墙中心线"和"核心层中心线"平面将会重合，在复合墙中可能会不同。顺时针绘制

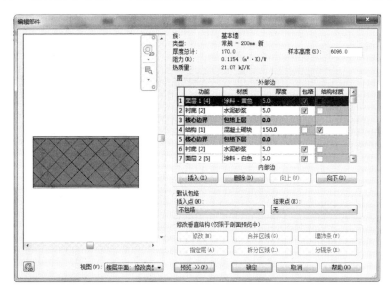

图 5.1-8　"墙"基本构造

墙体时，其外部面（面层面：外部）默认情况下位于顶部。

放置墙后，其定位线便永久存在，即使修改其类型的结构或修改为其他类型也不随之改变。修改现有墙的"定位线"属性值不会改变墙的位置。

如图 5.1-8 所示，右侧为墙体的结构构造。通过不同的定位线，从左向右绘制出的墙体与参照平面的相交方式是不同的，如图 5.1-9 所示，绘制好的墙体可以通过单击"翻转构件"调整墙体的方向。

**提示：Revit 中的墙体有内、外之分，因此绘制墙体需要选择顺逆时针进行绘制。**

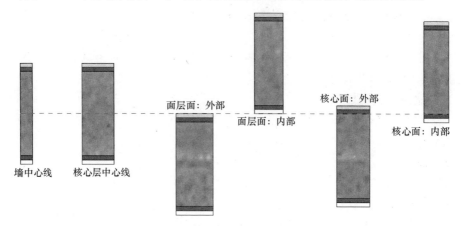

图 5.1-9　修改定位线绘制墙体

在绘制墙体时，选项栏中各参数作用如下：

➢ 底部限制条件/顶部约束：表示墙体上下的约束范围。

➢ 底/顶部偏移：在约束范围条件下，可上下微调墙体的高度，如果同时偏移 200mm，表示墙体的高度不变，整体向上偏移 100mm。+100mm 为向上偏移，－100mm 为向下偏移。

➢ 无连接高度：表示墙体顶部在不选择"顶部约束"时高度的设置。

➢ 房间边界：在计算房间的面积、周长和体积时，Revit 会使用房间边界。可以在平面视图和剖面视图中查看房间边界。墙则默认为房间边界。

➢ 结构：结构表示该墙是否为结构墙，勾选后，可用于做后期的受力分析。

## 5.1.2　基本墙

Revit 中基本墙的类型较多，大多数给出的基本墙没有具体结构，为了便于区分，通常以"用途＋厚度"方式命名。部分基本墙有具体的结构和材质。

举例：点击【建筑】-【墙】，在【属性面板】的【类型选择器】中选择"CW-102-50-100P"类型的基本墙，点击【属性面板】中【类型编辑】，点开左下角"预览"图标，进入编辑类型属性，如图 5.1-10 所示。

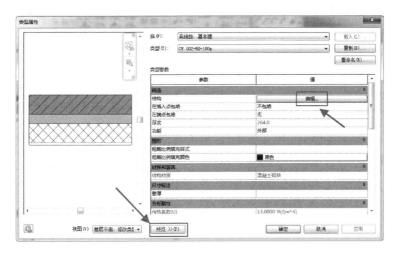

图 5.1-10 墙类型编辑

预览窗口中以不同图例和颜色代表墙体的不同层数，由上至下代表墙体由外侧至内侧。点击"结构"右侧的"编辑"按钮，进入墙体的结构编辑，在此可以简单设置墙体的层数、各层的功能、材质和厚度。"插入"代表新建一层材质，"删除"代表删除一层材质。点击某层"材质"，后方出现"…"代表可以浏览，点击浏览，进入"材质浏览器"设置和更改各层的材质，如图 5.1-11 所示。

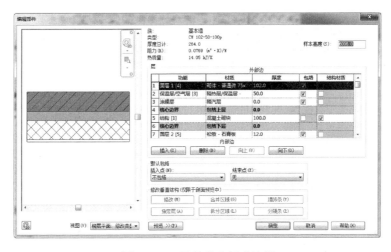

图 5.1-11 墙结构和材质编辑

在"材质浏览器"中给出了 Revit 已经安装的材质，可以通过材质的名称进行"搜索"，也可以通过手动寻找，通过"项目材质 | 所有"下拉可以进行材质过滤，方便找到材质分类。如仍未找到所需材质，点击 □ 图标，打开下方"材质库"，在材质库里选择所需材质，如图 5.1-12 所示。

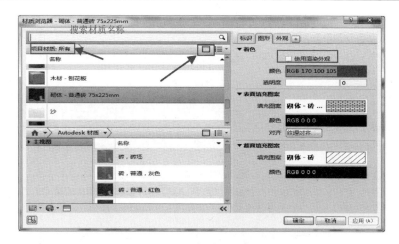

图 5.1-12  材质浏览器对话框

选中材质库中材质后，可以对其"图形"和"外观"选项卡进行编辑，"图形"中"着色"代表"视觉样式"中设置为"着色"状态时的显示样式；"外观"中的材质图片样式代表"视觉样式"中设置为"真实"状态时的显示样式。完成后，点击材质后方的 ⇧ 图标，将材质库中的材质添加到项目材质中。

选中该项目材质，点击"确定"，完成材质的更改或新建。

图 5.1-13  预览视图更改

**提示：更改显示样式后，一定将材质库中的材质添加到项目材质中。**

选择材质后，如果要继续对墙体的层数进行分割、添加墙饰条或分隔缝等高级编辑，将左下角视图由楼层平面更改为剖面，如图 5.1-13 所示。图 5.1-14 中修改垂直结构的工具将变为可选择状态。

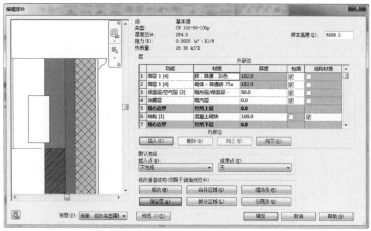

图 5.1-14  墙体剖面编辑

修改工具用于修改某区域的材质结构，指定层用于将某层材质赋予该选择层，合并和拆分区域代表拆分或合并某层或连续多层，墙饰条和分隔条代表为该墙沿剖面添加墙饰条（如：天花线和踢脚线）和分割条等。

## 5.1.3　叠层墙

叠层墙在高度方向上由一种或几种基本墙类型的子墙组成。叠层墙的实质是在一面墙上设置了两种不同厚度、不同材质的"基本墙"，建立叠层墙的目的是建立更为复杂的墙。换个思考方式，通过两不同的标高建立两面不同结构的墙使其首位相连也是完全可以取得与叠层墙相同的视觉效果。虽在视觉效果相同，但在模型建立完成后的后期修改处理与各种应力的计算的中所取得的效果是完全不一样的。

在叠层墙类型参数中可以设置层叠墙结构，分别制定每种类型墙对象在叠层墙中的高度、对齐定位方式等，可以使用其他墙图元相同的修改和编辑工具来修改和编辑叠层墙对象图元。

点击【建筑】→【墙】，叠层墙位于墙【类型选择器】下拉后最上方，仅有默认"外部-砌块勒脚砖墙"一种类型，如图 5.1-15 所示，点击【编辑类型】中"结构"后的"编辑"。该类型叠层墙默认为两种类型的墙相叠加，如图 5.1-16 所示。点击"插入"可以增加墙体类型，制作多种墙体相叠加的效果。无论有多少种墙类型，必须保证其中一层是可变的，以满足参数化的要求，点击"可变"按钮，设置可变墙的类型。

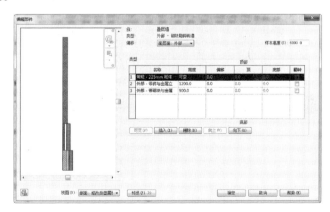

图 5.1-15　叠层墙的选择　　　　　　　图 5.1-16　叠层墙结构编辑

删除叠层墙类型至只剩一种，此时墙体类型与基本墙相同，仅有区别为叠层墙无法进行剖面编辑。

## 5.1.4　幕墙

幕墙是建筑的外墙围护，不承重，像幕布一样挂上去，故又称为"帷幕墙"，是现代大型和高层建筑常用的带有装饰效果的轻质墙体。由面板和支承结构体系组成的，可相对主体结构有一定位移能力或自身有一定变形能力、不承担主体结构所作用的建筑外围护结构或装饰性结构。因为其拥有质量轻、设计灵活、抗震能力强。系统化施工、现代化、更新维修方便等优势广泛应用于现代建筑中。

在 Revit 中，幕墙实质属于"墙"的一种。因此其绘制方式与"墙"构件相同，但在结构组成方面幕墙比"墙"构件要简单许多。幕墙是由"幕墙嵌板"、"幕墙网格"和"幕墙竖梃"组成，如图 5.1-17 所示。建立幕墙的重点就是内部网格即各个嵌板的建立及修改，本节将对幕墙的建立及修改进行介绍。

幕墙嵌板是构成幕墙的基本单元，幕墙由一块或者多块幕墙嵌板组成。幕墙网格决定了幕墙嵌板的大小、数量。幕墙竖梃为幕墙龙骨，是沿幕墙网格生成的线性构件。

幕墙的创建与之前两种墙类似，但是幕墙多是以玻璃材质为主。在墙的【类型选择器】最下方幕墙会出现三种幕墙形式，分别为"幕墙"、"外部玻璃"和"店面"（如图 5.1-18）。其中"幕墙"没有网格和竖梃，"外部玻璃"包含预设网格，"店面"包含预设网格和竖梃。

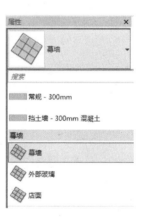

图 5.1-17　幕墙组成　　　　　　图 5.1-18　幕墙类型

**Step1：创建幕墙**

创建幕墙的方法与创建基本墙相同，在"标高 1"平面视图，点击【建筑】→【墙】，【属性面板】的【类型选择器】中选择"幕墙"。在【修改/放置墙】选项【绘制】面板中选择一种绘制工具，在【选项栏】选择约束标高。举例：约束标高为"标高 2"，采用"直线"工具水平绘制长 10 米、高 4 米的幕墙。

**Step2：添加幕墙网格**

系统默认的幕墙是无网格的玻璃幕墙。可以手动划分网格。立面视图或三维正视图下，单击【建筑】选项卡【构建】面板中的【幕墙网格】工具。在【修改｜放置幕墙网格】选项卡【放置】面板中选择放置类型。有三种放置类型，分别为"全部分段"（贯通网格线），"一段"（仅在两个网格线之间，不贯通）、"除拾取外的全部"（点击网格线之外的网格线之间），如图 5.1-19 所示。

图 5.1-19　幕墙网格放置

其中"全部分段"是指在出现预览的所有嵌板上放置网格线段。即将幕墙网格放置在幕墙嵌板上时，在嵌板上将显示网格的预览图像。使用该工具可以控制预览的位置，进而控制幕墙网格的位置。

"一段"是指在出现预览的一个嵌板上放置一条网格线段。即将幕墙网格放置在幕墙嵌板上时，在嵌板上将显示网格的预览图像。使用该工具可以控制预览的位置，进而控制幕墙网格的位置。

"除拾取外的全部"是指在除了选择排除的嵌板之外的所有嵌板上，放置网格线段。

将幕墙网格放置在幕墙嵌板上时，在嵌板上将显示网格的预览图像，可以使用以上三种网格线段选项来控制幕墙网格的位置。在绘图区域点击选择一条网格线，通过修改临时尺寸，对网格线的位置进行修改。选择一条网格线，点击【修改幕墙网格】选项卡【幕墙网格】面板中的【添加/删除线段】工具，添加或删除网格线。

举例：网格划分样式参照图 5.1-20 所示，尺寸自定，比例适中。

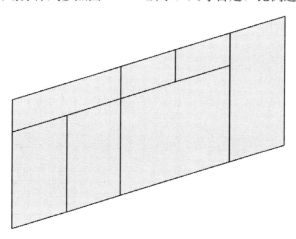

图 5.1-20　幕墙网格划分后三维视图

**Step3：**添加幕墙竖梃

创建幕墙网格后，可以在网格线上放置竖梃，点击【建筑】选项卡【构建】面板中的【竖梃】工具。在【属性面板】的【类型选择器】中，选择所需的竖梃类型，如图 5.1-21 所示。

在【修改｜放置竖梃】选项卡的【放置】面板，有三种放置竖梃的方式，如

图 5.1-22 所示：

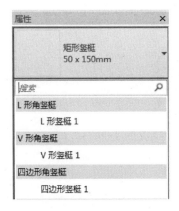

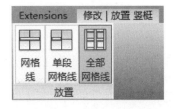

图 5.1-21　竖梃类型　　　　　图 5.1-22　竖梃放置方式

（1）网格线：点击放置网格线时，将跨整条网格线放置竖梃；

（2）单段网格线：点击放置网格线时，将在单击的网格线的各段上放置竖梃；

（3）全部网格线：点击放置任何网格线时，将在所有网格线上放置竖梃。

举例：点击【全部网格线】安装所有竖梃类型为默认"矩形竖梃 50×150mm"，绘制后，如图 5.1-23 所示。

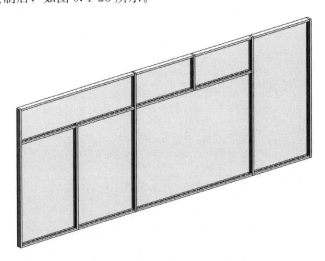

图 5.1-23　竖梃放置后三维视图

**Step4：修改水平竖梃和竖直竖梃之间的连接**

选择一根竖梃。单击【修改 | 幕墙竖梃】选项卡的【竖梃】面板中的【结合】或【打断】命令。【结合】可在连接处延伸竖梃的端点，显示为一个连续的

竖梃；【打断】在连接处修剪竖梃的端点，显示为单独的竖梃。

点击一根竖梃后，在竖梃相连接处附近将会出现类似"＋"形图标，如图5.1-24 所示，点击该图标同样可以实现竖梃连接方式的转换。

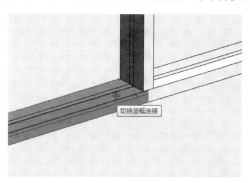

图 5.1-24　切换竖梃连接

**Step5：修改嵌板类型**

在玻璃幕墙中划分网格之后需要在这些网格中建立相应的嵌板，其中最常见的就是玻璃幕墙中的门窗构件。这里的门窗构件并不是通过工具栏中的门窗构件插入来实现的，而是通过修改替换嵌板类型来实现的。

选择幕墙嵌板的三维或立面视图。很难直接选中一块幕墙嵌板，通常需要将鼠标放置在其临近的竖梃上，使用"Tab"键进行切换，观察底部状态栏出现"幕墙嵌板：系统嵌板：玻璃：R0"点击选中。在【属性面板】的【类型选择器】下拉列表中，选择替换嵌板，如图 5.1-25 所示。

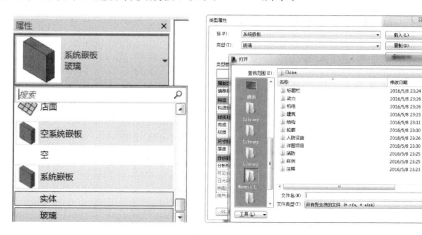

图 5.1-25　幕墙嵌板的替换和载入

系统自带的嵌板类型较少，可点击【编辑类型】，在出现的"类型属性"对话框中点击"载入"，进入族载入文件选择，双击"建筑"文件夹→"幕墙"，

"幕墙"文件夹有"门窗嵌板"和"其他嵌板"两种嵌板类型可以尝试选择。

举例：载入"其他嵌板"中的 ![RFA]点爪式幕墙嵌板1 ，替换某块原有玻璃嵌板；再次载入"门窗嵌板"中的 ![RFA]窗嵌板_上悬无框铝窗 和 ![RFA]门嵌板_双扇地弹无框玻璃门 替换某块原有玻璃嵌板，替换后效果可参照图 5.1-26 所示。

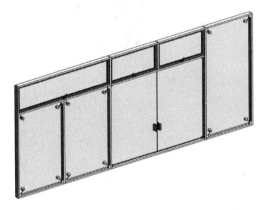

图 5.1-26　幕墙嵌板替换后效果

## 5.2　墙和幕墙的编辑

在实际项目中墙的样式与外表是多种多样的。多种类型的墙结构与外表都是在 5.1 节三种墙类型的基础上建立而来的。实际项目需要在模型建立过程中体现出各种细节与装饰，本节主要介绍墙和幕墙的编辑，包括墙的开洞、墙轮廓的编辑、幕墙网格和竖梃自动划分和生成等。

### 5.2.1　墙的编辑

**Step1**：新建墙类型

点击【建筑】→【墙】，【属性面板】的【类型选择器】采用默认"常规－200mm"类型，点击【编辑类型】进行类型属性编辑，点击"复制"按钮，命名为"墙编辑练习－200mm"，点击"结构"后的"编辑"按钮，进入材质浏览器，搜索"砌块"，选择混凝土砌块，并在"图形"选项卡中使用"渲染外观"，点击所有对话框的确定按钮，如图 5.2-1 所示。

**Step2**：绘制墙

更改选项栏，高度值标高 2，定位线为墙中心线，如图 5.2-2 所示。绘图区域"四个眼睛"中间绘制一面长 20 米的墙体，勾选链后，墙会连续绘制，按键盘左上角"Esc"键停止绘制。

**Step3**：更改墙长度和方向

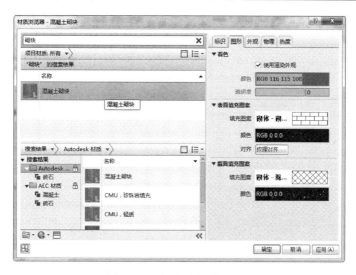

图 5.2-1　新建墙材质选择图

图 5.2-2　新建墙选项栏设置

在平面视图，点选或框选该墙体，绘图区域出现的数值"20000"为临时尺寸标注，点击该数字可进行墙长度的更改，⊢⊣图标为转变为永久尺寸，点击后该临时尺寸将永久存在与该视图当中，↕代表墙体内外翻转图标，出现该图标的面代表墙外面，点击该图标或敲击键盘空格键可实现墙体内外面翻转。举例：更改尺寸至"10000"，调换墙内外方向，如图 5.2-3 所示。

**Step4**：更改墙高度和形状

切换至三维视图，调整【视图控制栏】中【视觉样式】观察各种样式之间的差别，举例：建模过程中可采用默认"一致的颜色"或"着色"，在此采用"着色"样式，如图 5.2-4 所示。

图 5.2-3　更改墙长度和方向图　　图 5.2-4　墙显示的视觉样式

提示：一直使用"真实"可能会导致建模速度下降。

切换至"南立面"视图或三维视图，选中该墙体，会在四个方向出现蓝色箭头，拖拽上下箭头，可以更改墙体高度的限制条件；拖拽左右箭头，可以更改墙体长度。但通常建议通过更改【属性面板】中"底部限制条件"和"底部偏移"、"顶部约束"和"顶部偏移"来对墙体高度进行更改，如图 5.2-5 所示。房间边界默认勾选状态代表在创建房间时识别该面墙作为房间的边界，如不勾选，则在创建房间时忽略该面墙的作用。

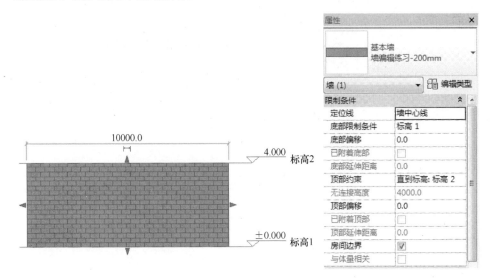

图 5.2-5　墙的高度限制条件

**Step5：墙体开洞**

同样切换至"南立面"视图或三维视图，点击【建筑】→【洞口】→【墙】，进入墙体开洞。首先点击墙的边界，选中开洞的墙体，然后框选一个矩形，将自动进行墙体矩形框选范围的开洞，开洞效果如图 5.2-6 所示。

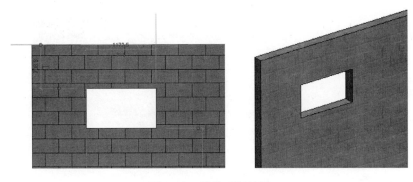

图 5.2-6　墙体开洞效果

**Step6：**修改墙体轮廓

同样切换至"南立面"视图或三维视图，选中该面墙，自动来到【修改｜墙】选项卡，点击【轮廓编辑】，如图 5.2-7 所示。可以对粉红色轮廓进行编辑修改，在"南立面"修改后如图所示。轮廓闭合后，点击"绿色对号"完成编辑，如图 5.2-8 所示。

图 5.2-7　墙的轮廓编辑

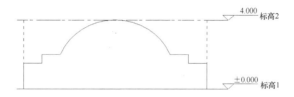

图 5.2-8　墙的轮廓更改

点击后，会出现一个错误对话框提示，如图 5.2-9 所示，代表上一步矩形洞口剪切的洞口已不存在，实际上是已经在本次更改轮廓中删除，点击"删除实例"按钮即可，删除该洞口。

图 5.2-9　错误提示

切换至"三维视图"后，编辑轮廓后墙体如图 5.2-10 所示。

图 5.2-10　编辑轮廓后墙体三维视图

## 5.2.2　幕墙的编辑

**Step1**：新建幕墙类型

点击【建筑】→【墙】，【属性面板】的【类型选择器】下拉采用"幕墙"类型，点击【编辑类型】进行类型属性编辑，点击"复制"按钮，命名为"幕墙编辑练习 10m×10m"。

**Step2**：绘制幕墙

更改选项栏，高度采用"未连接"，数值由 8000 改为 10000，代表以标高 1 为底部限制条件，高度值为 10000，即 10 米，如图 5.2-11 所示。绘图区域"四个眼睛"中间绘制一面长 10 米的幕墙，同样，勾选链后，幕墙会连续绘制，按键盘左上角"Esc"键停止绘制。

| 修改 \| 放置 墙 | 高度： ▾ | 未连接 ▾ | 10000.0 | | 定位线： 墙中心线 ▾ | | ☑ 链 | 偏移量： 0.0 | | ☐ 半径： | 1000.0 |

图 5.2-11　新建幕墙选项栏设置

**Step3**：更改幕墙长度、方向和高度

幕墙在长度、方向和高度更改方式与 5.2.1 节墙的编辑更改相同。

**Step4**：幕墙网格和竖梃快速划分和放置

在上节中，已经介绍了网格和竖梃的手动划分和放置方法，通常适用于对于小面积幕墙，对于大面积的规则幕墙网格，建议用以下介绍的自动划分方法。

在 Revit 中提供了 4 种不同的幕墙网格自动化分方式，即固定距离、固定数量、最大间距和最小间距，4 种方式之间的差别如下：

➤ 固定距离：该类型幕墙的每个实例均以独自的幕墙 UV 坐标，距离不足指定距离时，剩下的部分不再划分。需要指定的参数为"类型参数"中的"距离"。

➤ 固定数量：该类型的幕墙按各实例在"属性"面板中指定的分割数量等间距划分为幕墙网格。需要指定的参数为"实例参数"中的"水平网格数量"或"垂直网格数量"。

➤ 最大间距：该类型的幕墙按相等间距等分幕墙网格，每个网格的间距最大值不会超过设定的距离。需要指定的参数为"类型参数"中的"距离"和"实例参数"中的"水平或垂直网格数量"。

➤ 最小间距：该类型的幕墙按相等间距等分幕墙网格，每个网格的间距最小值不会超过设定的距离。需要指定的参数为"类型参数"中的"距离"和"实例参数"中的"水平或垂直网格数量"。

上述 4 种自动化分网格的方式均在"属性"面板中实现。点击【属性面板】→【编辑类型】，更改类型属性中，"垂直网格"和"水平网格"布局，代表网格的划分方式。"垂直竖梃"和"水平竖梃"布局，代表竖梃的放置类型，举例：按照图 5.2-12 类型属性设置后，三维效果见图 5.2-13。

图 5.2-12　幕墙的类型属性

**Step5**：配置轴网布局

从图 5.2-13 可以看出，幕墙嵌板左右并不对称。三维或立面视图下选中该幕墙，在幕墙中心将会出现一个 ⬨ 图标，代表轴网布局，点击后如图 5.2-14 所示，在左端出现三个箭头，代表网格的起始点或终点，举例：点击箭头，调整位置至中心，网格将以中心点为中心向上下左右四个方向排布网格，如图 5.2-15 所示。

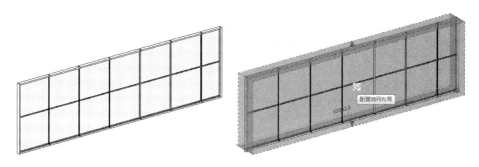

图 5.2-13　幕墙的竖梃放置后　　　　图 5.2-14　配置轴网布局

**Step6**：带角度网格和竖梃

选中该幕墙，在【属性面板】实例属性中找到垂直网格和水平网格属性，更改角度生成带角度的网格和竖梃，举例：角度均为 $45°$，点击应用，三维效果见

图 5.2-15　更改幕墙的网格配置方案

图 5.2-16 所示。

图 5.2-16　带角度幕墙网格和竖梃

**Step7**：幕墙的嵌入

幕墙通常需要嵌入到普通墙之中，首先，点击【建筑】→【墙】，【属性面板】的【类型选择器】中采用 5.2.1 节中的"墙编辑练习－200mm"类型，建立一面长 15000，高 4000 的普通墙，如图 5.2-17 所示。然后，点击【建筑】→【墙】，【属性面板】的【类型选择器】中继续使用"幕墙编辑练习 10m×10m"在该墙内部。举例：距左端 2500 为起点，沿墙中心线画一面长度 10000，高度 3000 的幕墙。完成后，弹出错误警告，如图 5.2-18 所示，提示两面墙相重叠，幕墙并未嵌入普通墙当中。

关闭错误警告，在平面视图选中该幕墙，如果较难选中可以采用"Tab"键进

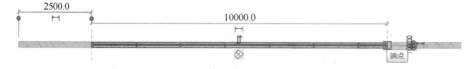

图 5.2-17　幕墙及普通墙绘制

图 5.2-18 错误警告

行切换，状态栏显示"墙：幕墙：幕墙练习－10m×10m"时，立即点击鼠标左键选中。选中后，点击【属性面板】→【编辑类型】，勾选"构造"中的"自动嵌入"复选框，如图 5.2-19 所示，点击确定，切换至三维视图如图 5.2-20 所示。

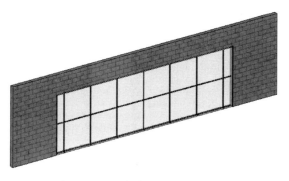

图 5.2-19 幕墙自动嵌入设置

图 5.2-20 幕墙自动嵌入后效果

**Step8：**幕墙轮廓更改

在"南立面"或三维正视图，选中该幕墙，点击【修改｜墙】→【编辑轮廓】，使用【绘制】中"圆角弧 ⌒ "工具，修剪左上和右上两个直角，如图 5.2-21 所示，切换至三维视图。

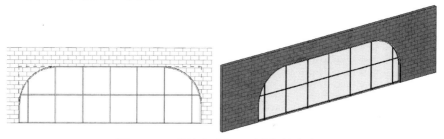

图 5.2-21 幕墙自动嵌入后编辑轮廓效果

## 5.3 墙类型的标注

本小节以基本墙为例讲解墙的标注，在基本墙建立过程时讲述墙是由不同材料组成的多层结构，本节将介绍如何标注墙的类型，即墙的几何信息标注和结构信息标注。

首先建立一段距离基本墙，对墙的结构进行编辑，各结构层如图 5.3-1 所示，为建立的 4 层结构的基本墙。其中墙的长宽高在相应立面视图中利用【注释】工具中的【线性】功能标注即可。

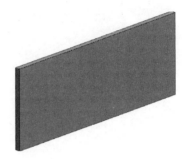

| | 功能 | 材质 | 厚度 | 包络 | 结构材质 |
|---|---|---|---|---|---|
| 1 | 面层 1 [4] | 隔热层/热障 | 10.0 | ☑ | ☐ |
| 2 | 面层 1 [4] | 混凝土 - 沙/ | 10.0 | ☑ | |
| 3 | 核心边界 | 包络上层 | 0.0 | | |
| 4 | 结构 [1] | 砖石建筑 - 黄 | 240.0 | ☐ | ☑ |
| 5 | 核心边界 | 包络下层 | 0.0 | | |
| 6 | 面层 1 [4] | 混凝土 - 沙/ | 20.0 | ☑ | ☐ |

图 5.3-1　多层结构基本墙

墙的结构标注要在俯视图或左右视图中，也就是说只有能看到厚度的视图中才能进行标注，选择相应的视图，点击【注释】工具中的【材质标记】，点击视图中要标记的每一层材料并选择相对应的位置放置材料即可，如图 5.3-2 所示墙结构层材料标注。

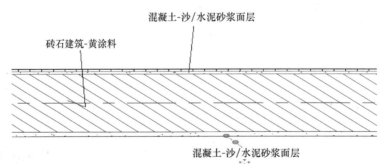

图 5.3-2　墙结构层标注图

值得注意的是有时在墙建立完成后，标记时会发现所设立的墙的多层结构并没有显示出来，从而无法进行标注，如图 5.3-3 所示。出现这种现象的原因是 Revit 显示造成的，与墙的结构类型无关。在 Revit 项目的视图控制栏中有详细程度▭按钮，把项目分为"粗略、中等、精细"三类，为方便绘制或适应电脑

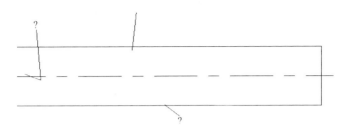

图 5.3-3　多层墙结构不分层现象

的显示速度一般选择粗略或中等模式，而墙结构分层显示必须在中等及以上模式下才能显示。

　　另外，进行材质标记时与线性标注略有不同，需要进行可载入族的导入。

## 5.4　实战训练—学生浴池项目建筑墙的创建

　　本书第 3 章和第 4 章在创建学生浴池标高轴网和结构基础、梁、柱时，采用的是结构样板文件，但从本节开始进行建筑墙的创建，必需采用建筑样板文件，但同理在创建建筑墙之前也要在建筑项目中重新创建标高和轴网。

　　根据第 3 章和第 4 章实战训练内容，本节首先以"建筑样板"为样板新建项目，然后重新创建"标高"和"轴网"，创建完成后，对"学生浴池"墙体进行创建。对于同一个项目而言结构模型和建筑模型是可以相结合的，本节也将对结合方法进行讲解。

### 5.4.1　创建建筑标高轴网

**1. 新建学生浴池建筑项目**

　　新建项目：单击【应用程序菜单】下拉列表中的"新建"，选择"项目"，在弹出的"新建项目"对话框中选择"建筑样板"作为样板文件，开始项目的设计。

**2. 创建学生浴池建筑标高和轴网**

（1）标高的创建

**Step1**：在【项目浏览器】中展开立面，双击"北"，进入北立面视图。

**Step2**：根据"学生浴池"建筑图创建标高。

**Step3**：标高的创建方法与第 3 章中的标高创建方法完全相同，这里不再赘述，绘制完成后，如图 5.4-1 所示。

（2）轴网的创建

**Step1**：创建轴网之前，先对"项目基点"进行设置，按键盘"VV"两次，弹出"标高 1 的可见性/图形替换"在"过滤器列表"中勾选"建筑和结构"，如图 5.4-2 所示，在"可见性"行中勾选"场地"命令，在"场地"命令下选择

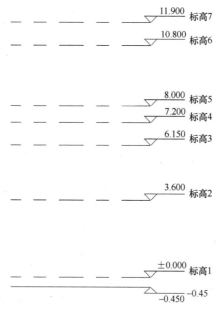

图 5.4-1 建筑标高绘制完成

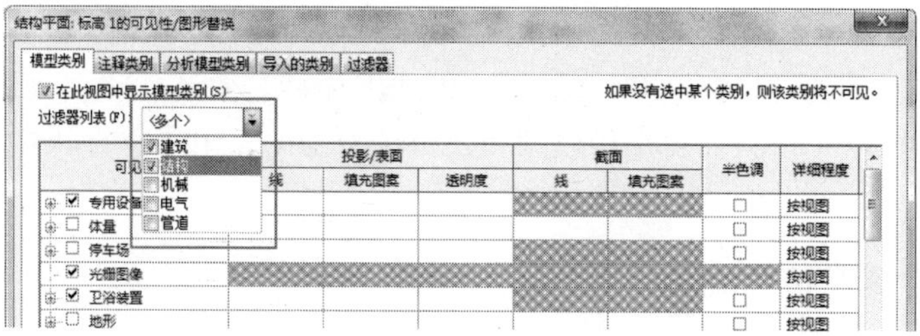

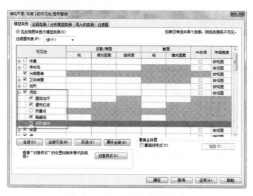

图 5.4-2 标高 1 的可见性/图形替换

"项目基点"，对项目基点进行勾选，选择完成后如图 5.4-3 所示。

图 5.4-3 设置项目基点

**Step2**：单击"确定"命令，完成"项目基点"的设置，返回到绘图区域，即可看见"项目基点"的示意图，如图 5.4-4 所示。

图 5.4-4　项目基点示意图

**Step3**：在【楼层平面】中双击"标高 1"，进入标高 1 平面视图。

**Step4**：根据"学生浴池"建筑图创建轴网，将项目基点同样设置于 1-A 轴交点。

**Step5**：创建轴网的方法与上一节的创建和绘制方法是相同的，这里不再赘述，绘制完成后，如图 5.4-5 所示。

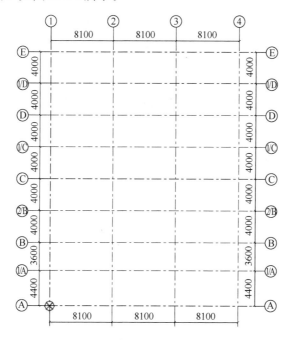

图 5.4-5　建筑模型轴网绘制完成

提示："结构模型"中项目基点的定位要与"建筑模型"中项目基点的定位保持在一点上，否则链接模型时会出现模型偏离的情况。

## 5.4.2　建筑墙的创建

### 1. 建模思路

设置项目样板→新建项目→绘制标高→编辑标高→设置项目基点→绘制轴网

99

→编辑轴网→锁定。

**2. 外墙的创建**

Revit 中墙的模型，不仅显示墙的形状，而且还记录墙的详细做法和参数。通常情况下，建筑物的墙分为外墙和内墙两种类型。由于内外墙功能不同，其结构也不同。

**Step1**：单击【建筑】选项卡【构建】面板的"墙"命令，在出现的工作界面中单击"墙：建筑"，在【属性面板】→【类型选择器】下拉列表，选择"基本墙—200mm"。根据"基本墙—200mm"进行创建浴池外墙。

**Step2**：单击"编辑类型"按钮，选择"复制（D）…"，弹出"名称"对话框，更改新创建的墙体名称为"浴池外墙"，单击"确定"按钮，完成墙"名称"的新建。

**Step3**：在结构"类型参数"下单击"编辑…"按钮，弹出墙"编辑部件"对话框，如图 5.4-6 所示。

图 5.4-6　墙"编辑部件"对话框

**Step4**：根据"建筑设计总说明"对外墙进行创建，创建完成后，如图 5.4-7 所示。

**Step5**：在"墙"的属性框中，设置【实例属性】"底部限制条件"为标高 1，"顶部约束"为标高 2，设置完成后，如图 5.4-8 所示。

**Step6**：选择"绘制"面板下"直线"命令，选项栏中"定位线"选择"墙中心线"，移动鼠标捕捉到 1 轴与 A 轴的交点处作为绘制的起点，按照图纸进行绘制即可。创建完成后如图 5.4-9 所示。

**Step7**：利用相同的方法，可将其他楼层的墙创建完成，创建完成后如图 5.4-10 所示。

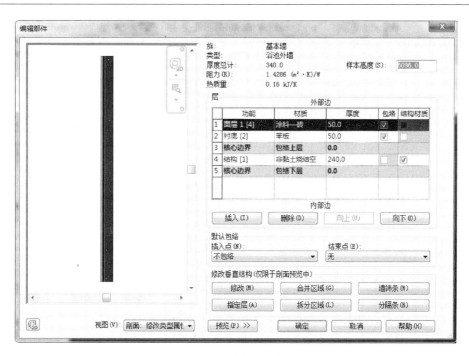

图 5.4-7　墙创建完成图

图 5.4-8　"浴池外墙"属性设置

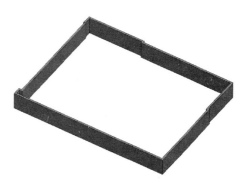

图 5.4-9　一层墙绘制完成

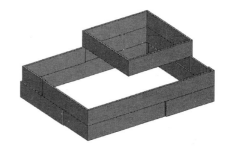

图 5.4-10　浴池外墙全部绘制完成三维图

### 3. 链接结构模型

Revit 中提供了模型的相互链接功能，一层墙绘制完成后，点击【插入】选项卡，将会出现【链接 Revit】（图 5.4-11），代表可以将外部的 Revit 模型链接至本模型之中。

图 5.4-11　链接 Revit

在链接结构模型之前，首先需要检查两个模型的项目基点是否相同，可以同时打开第 4 章已经建立的"结构完成"模型，检查与本节建立的建筑模型所在的项目基点是否一致，通过检查两个模型项目基点均为 1-A 轴交点，如图 5.4-12 和图 5.4-13，可以继续进行链接。如果两个模型的项目基点不一致，可以采用两种方法进行解决：

➢ 使用"移动"工具将项目基点移动至相同位置，再进行链接。

➢ 先进行链接，链接后两个模型将会出现偏差，然后再使用移动命令将两个模型移动至重合。

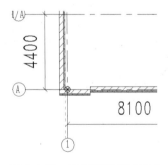

图 5.4-12　建筑模型项目基点

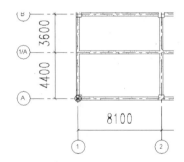

图 5.4-13　结构模型项目基点

检查项目基点后，点击【链接 Revit】，浏览到第四章已经创建完成的"结构完成"模型，定位中采用默认的"自动-原点到原点"（图 5.4-14），代表链接后两个模型的项目基点相对应，链接后三维模型见图 5.4-15。

如果链接操作正确就会类似于图 5.4-15，本节中所创建的外墙与结构模型完美相接，两者可以同时显示在建模过程中，随时查看建筑与结构模型之间的冲突和碰撞。但一直显示所链接的结构模型也会一定程度影响建模模型的建立，如果不显示所链接的模型，可以使用快捷键"VV"或"VG"，跳转至可见性选项

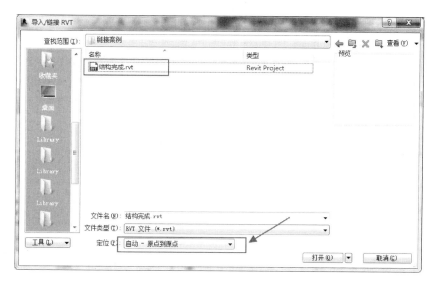

图 5.4-14 链接"结构完成"模型

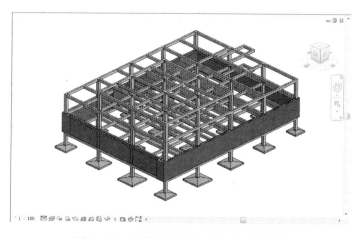

图 5.4-15 链接"结构完成"后三维模型

卡，见图 5.4-16，选择"Revit 链接"菜单，取消"结构完成 .Rvt"前面的"√"图标，则不显示该链接。同理，如果要在模型中重新显示链接，则需再次勾选"√"图标。

点击【插入】选项卡下的【管理链接】按钮，可以对所链接的 Revit 模型进行管理（图 5.4-17），在管理链接中可以查看所链接模型的状态等，更重要的是如果由于源文件丢失等原因导致链接文件失效时，可以使用"重新载入"等命令恢复链接，也可以使用"卸载"或"删除"等命令对链接进行设置。

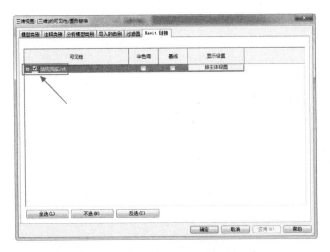

图 5.4-16　链接模型的三维视图可见性

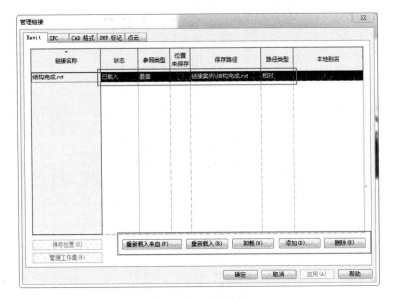

图 5.4-17　管理链接

### 4. 内墙的创建

根据"学生浴池"建筑设计总说明，首先对"内墙"进行定义。

**Step1**：单击【建筑】选项卡【构建】面板的"墙"命令，在出现的工作界面中单击"墙：建筑"，在【属性面板】→【类型选择器】下拉列表，选择"基本墙-200mm"。根据"基本墙-200mm"进行创建浴池内墙。

**Step2**：单击"编辑类型"按钮，选择"复制（D）…"，弹出"名称"对话框，更改新创建的墙体名称为"浴池内墙"，单击"确定"按钮，完成墙"名称"的新建。

**Step3**：在结构"类型参数"下单击"编辑…"按钮，弹出墙"编辑部件"对话框，如图 5.4-18 所示。

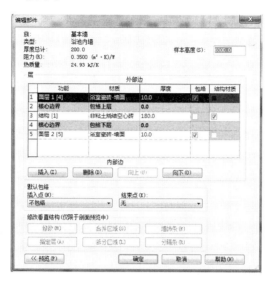

图 5.4-18　墙"编辑部件"对话框

**Step4**：根据"建筑设计总说明"对内墙进行创建，创建完成后，如图 5.4-18 所示。

**Step5**：在"墙"的属性框中，设置【实例属性】"底部限制条件"为标高 1，"顶部约束"为标高 2，设置完成后，如图 5.4-19 所示。

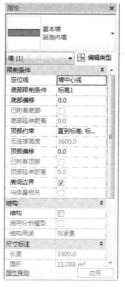

图 5.4-19　"浴池内墙"属性设置

**Step6**：选择"绘制"面板下"直线"命令，选项栏中"定位线"选择"墙中心线"，移动鼠标捕捉到 1/A 轴与 1 轴的交点处作为绘制的起点，按照图纸进行绘制即可。创建完成后如图 5.4-20 所示。

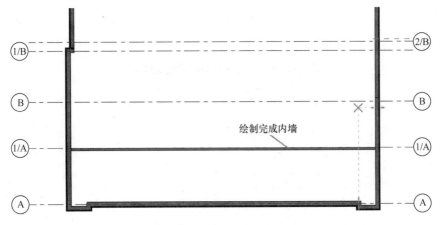

图 5.4-20　内墙绘制

**Step7**：通过相同的方法来创建内墙，绘制完成后，如图 5.4-21 所示。

**Step8**：点击应用程序菜单，选择另存为，项目命名为"墙完成"后保存。

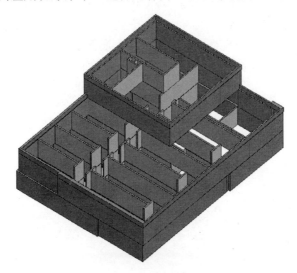

图 5.4-21　内墙创建完成

# 第6章 门窗的安装

【导读】

　　本章主要对门窗的安装方法进行讲解，主要包括门窗的安装、编辑和标记。

　　第1节讲解了在基本墙中门的安装、编辑和标记方法。

　　第2节讲解了在基本墙中窗的安装、编辑和标记方法。

　　第3节讲解了门窗明细表的创建和导出方法。

　　第4节讲解了在幕墙中安装门窗的方法。

　　第5节通过学生浴池项目，讲解了实际工程中门窗的安装方法。

## 6.1　门的安装

　　门和窗是建筑设计中最常用的构件。在 Revit 中，有其自带的门、窗族，可直接放置于墙、屋顶等主体图元，这种依靠主体图元而存在的构件被称为"基于主体的构件"。普通门窗可通过修改族类型参数进行实现，例如修改门窗的宽度、高度、材质等。

### 6.1.1　在墙体上安装门

　　门窗是建筑设计中最常用的构件。在 Revit 中，有其自带的门、窗族，可直接放置于墙、屋顶等主体图元，这种依靠主体图元而存在的构件被称为"基于主体的构件"。普通门窗可通过修改族类型参数进行实现，例如修改门窗的宽度、高度、材质等。

　　门窗是基于主体的构件，可添加到任何类型的墙体上，在平、立、剖以及三维视图中均可以添加门和窗，且门窗会自动剪切墙体进行安装。

　　**Step1**：单击【建筑】选项卡【构件】面板上"门"命令，在【属性面板】类型选择器下，选择所需的门的类型，本节以"单扇—与墙齐 750×2000mm"为例，如图 6.1-1 所示。

　　**Step2**：在平面视图、剖面视图、立面视图或三维视图中添加门。将光标移动到绘图区域，任何一个墙体之上，自动显示门图标，然后指定在墙上的位置，单击鼠标将门放置在墙体之上，如图 6.1-2 所示。

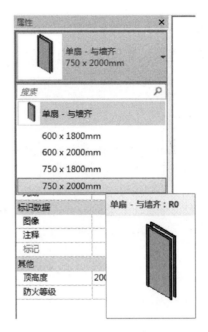

图 6.1-1　选择门类型

**提示：在安装门时，键盘输入"SM"或者按下"空格键"，可自动捕捉到墙线中心插入。**

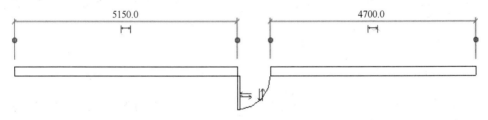

图 6.1-2　在墙上放置门

**Step3：**调整位置和方向。初步放置门后，通过调整临时尺寸标注进行精准定位，还可以通过翻转控件"⇆"来调整门的开启方向。

提示：关于"临时尺寸的捕捉点"说明：

1. 单击【管理】选项卡【设置】面板"其他设置"下拉列表"临时尺寸标注"命令，弹出如图 6.1-3 所示的"临时尺寸标注属性"对话框，对于"墙"，选择"中心线"，则在墙周围放置构件时，临时尺寸标注自动捕捉"墙中心线"；

2. 对于"门和窗"，选择"洞口"，表示"门和窗"放置时，临时尺寸标注自动捕捉到门、窗洞口的距离。

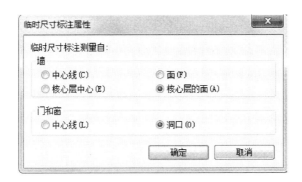

图 6.1-3　"临时尺寸标注"对话框

## 6.1.2　门的属性编辑

**1. 实例属性**

在视图中选择门后，【属性】面板自动转成门属性，如图 6.1-4 所示。该属性框中的参数为该扇门的实例属性。在属性框可设置门的"底高度"以及"顶高度"。

**提示："底高度"是指门底部安装高度。"顶高度"是指"门高度＋底高度"。**

各选项的含义如下：

➢ 底高度：设置门底部的安装高度。

➢ 注释：显示输入或从下拉列表中选择的注释。输入注释后，可以为同一类别中图元的其他实例选择该注释，无需考虑类型或族。

➢ 标记：按照用户指定标识或例举特定实例。对于门，该属性通过为放置的每个实例按 1 递增进行标记值，来例举某个类别中的实例。例如，默认情况下放置在项目的第一个门的标记为 1，接下来放置的门的标记为 2，不需要考虑门的类型。

**2. 类型属性**

在【属性】框中单击"编辑类型"，在弹出的【类型属性】对话框中，可设置门的高度、宽度、材质、门的类别标记等属性，如图 6.1-5 所示。

常用各选项的含义如下：

➢ 门材质：设置门的材质。

➢ 框架材质：设置门框架的材质。

➢ 厚度：设置门的厚度。

图 6.1-4　"门"实例属性

图 6.1-5　"门"类型属性

> 高度：设置门洞口的高度。
> 宽度：设置门洞口的宽度。
> 粗略高度：窗的粗略洞口的高度，可以生成明细表或导出。
> 粗略宽度：窗的粗略洞口的宽度，可以生成明细表或导出。
> 类型注释：关于门类型的注释，此信息可显示在明细表中。
> 类型标记：指定门的特定类型。

## 6.1.3　门类型的标记

门标记是一种注释，通常通过显示门的"类型标记"属性值来确定图形中的特定类型。可以指定放置门时自动附着门标记，也可以选择手动逐个附着或一次全部进行标记。

**1. 自动标记**

单击【建筑】选项卡【构建】面板"门"命令，在"修改｜放置门"上下文选项卡【标记】面板中单击"在放置时进行标记"，则系统会自动标记门类型，如图 6.1-6 所示。

**2. 手动标记**

在放置门时，如果未勾选"在放置时进行标记"，可通过手动方式对门进行标记。

图 6.1-6　门的标记

单击【注释】选项卡，在【标记】面板下有"按类别标记"和"全部标记"两个命令，如图 6.1-7 所示。

图 6.1-7　"注释"选项卡上门标记命令

➤ 按类别标记：将光标移动到需放置标记的门构件上，待其高亮显示时，单击鼠标则可以直接标记。

➤ 全部标记：单击"全部标记"命令，在弹出的图 6.1-8 中，选择"标记所有未标记的对象"的对话框，选择所需要的标记类别后，单击"确定"即可完成标记。

图 6.1-8　"标记所有未标记的"对话框

提示：手动标记与自动标记相同，在进行标记前需要设置标记方向及是否进行引线标记。

## 6.1.4 "门"族的载入

门是基于墙体的可载入族,在 Revit 中,可通过载入族的方式将需要的门类型载入到项目中。

**Step1**: 单击【建筑】选项卡【构件】面板下"门"命令,在"修改 | 放置门"上下文选项卡【模式】面板下的"载入族"命令,如图 6.1-9 所示。

图 6.1-9 "载入族"命令

**Step2**: 弹出"载入族"对话框,依次双击打开文件夹,"China→建筑→普通门→平开门→单扇",选择"单扇"文件夹中的"单扇平开门 4"族文件。

**Step3**: 单击"打开"按钮,则将选择的"单扇平开门 4"载入到当前的项目文件。

**Step4**: 单击【建筑】选项卡【构件】面板上"门"命令,在【属性面板】类型选择器下,选择刚载入的门"单扇平开门 4"族,进行放置即可。

**Step5**: 在"绘图区域"找到需要放置的墙,鼠标单击左键进行放置即可。

## 6.2 窗的安装

### 6.2.1 在墙体上安装窗

**Step1**: 单击【建筑】选项卡【构件】面板上"门"命令,在【属性面板】类型选择器下,选择所需的窗的类型,本节以"固定-0915×1220mm"为例,如图 6.2-1 所示。

图 6.2-1 选择窗类型

**Step2**：在平面视图、剖面视图、立面视图或三维视图中添加窗。将光标移动到绘图区域，任何一个墙体之上，自动显示窗图标，然后指定在墙上的位置，单击鼠标将窗安装在墙体之上，如图 6.2-2 所示。

图 6.2-2　在墙上放置窗

**Step3**：调整位置和方向。初步放置窗后，通过调整临时尺寸标注进行精准定位，还可以通过翻转控件"⇆"来调整窗的开启方向。

### 6.2.2　窗的编辑

**1. 实例属性**

在视图中选择窗后，【属性】面板自动转成窗的属性，如图 6.2-3 所示。该属性框中的参数为该扇窗的实例参数。在属性框可设置窗的"底高度"和"顶高度"。

提示："底高度"是指窗台的高度。"顶高度"是指"窗高度＋底高度"。

图 6.2-3　"窗"实例属性

各选项的含义如下：

➤ 标高：指明放置此实例窗的标高。

➤ 底高度：设置窗底部的安装高度。

➤ 注释：显示输入或从下拉列表中选择的注释。输入注释后，可以为同一类别中图元的其他实例选择该注释，无需考虑类型或族。

➤ 标记：通过为放置的每个实例按 1 递增进行标记值，来例举某个类别中的实例。例如，默认情况下放置在项目的第一个窗的标记为 1，接下来放置的窗的标记为 2，不需要考虑窗的类型。

➤ 顶高度：设置窗顶部的安装高度，等于"窗高度＋底高度"。修改此值不会修改实例尺寸。

**2. 类型属性**

在【属性】框中单击"编辑类型"，在弹出的【类型属性】对话框中，可设置窗的高度、宽度、材质、窗的类别标记等属性，如图 6.2-4 所示。

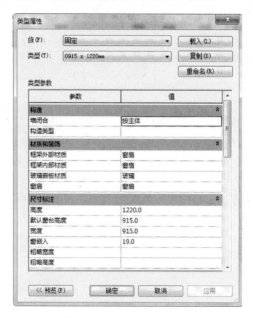

图 6.2-4　"窗"类型属性

常用各选项的含义如下：

➤ 窗嵌入：窗嵌入墙体的距离。

➤ 窗台材质：设置窗台的新材质。

➤ 玻璃：设置新的玻璃嵌板材质。

➤ 框架材质：设置新的框架的材质。

➤ 厚度：设置门的厚度。

➢ 高度：设置窗洞口的高度。

➢ 宽度：设置窗洞口的宽度。

➢ 粗略高度：窗的粗略洞口的高度，可以生成明细表或导出。

➢ 粗略宽度：窗的粗略洞口的宽度，可以生成明细表或导出。

➢ 类型注释：关于窗类型的注释，此信息可显示在明细表中。

➢ 类型标记：指定窗的特定类型。

## 6.2.3　窗类型的标记

窗标记是一种注释，通常通过显示窗的"类型标记"属性值来确定图形中的特定类型。可以指定放置窗时自动附着窗标记，也可以选择手动逐个附着或一次全部进行标记。

### 1. 自动标记

单击【建筑】选项卡【构建】面板"门"命令，在"修改 | 放置窗"上下文选项卡【标记】面板中单击"在放置时进行标记"，则系统会自动标记窗类型，如图 6.2-5 所示。

图 6.2-5　窗的标记

### 2. 手动标记

在放置窗时，如果未勾选"在放置时进行标记"，可通过手动方式对门进行标记。

单击【注释】选项卡，在【标记】面板下有"按类别标记"和"全部标记"两个命令，如图 6.2-6 所示。

图 6.2-6　"注释"选项卡上窗标记命令

➢ 按类别标记：将光标移动到需放置标记的窗构件上，待其高亮显示时，单击鼠标则可以直接标记。

➢ 全部标记：单击"全部标记"命令，在弹出的图 6.2-7 中，选择"标记所有未标记的对象"的对话框，选择所需要的标记类别后，单击"确定"即可完成标记。

图 6.2-7    "标记所有未标记的"对话框

**提示：手动标记与自动标记相同，在进行标记前需要设置标记的方向及是否进行引线标记。**

## 6.2.4    "窗"族的载入

窗是基于墙体的族，在 Revit 中，可通过载入族的方式将需要的门类型载入到项目中。

**Step1**：单击【建筑】选项卡【构件】面板下"窗"命令，在"修改 | 放置窗"上下文选项卡【模式】面板下的"载入族"命令，如图 6.2-8 所示。

图 6.2-8    "载入族"命令

**Step2**：弹出"载入族"对话框，依次双击打开"China→建筑→窗→普通→组合窗"文件夹，选择"组合窗-三层三列（平开＋固定）"族文件。

**Step3**：单击"打开"按钮，则将选择的"组合窗-三层三列（平开＋固定）"实例载入到当前的项目文件。

**Step4**：单击【建筑】选项卡【构件】面板上"窗"命令，在【属性面板】类型选择器下，选择刚载入的门"组合窗-三层三列（平开＋固定）"族，进行放置即可。

**Step5**：在"绘图区域"找到需要放置的墙，鼠标单击左键进行放置即可。

## 6.3　门窗明细表的创建

Revit 提供明细表统计功能，使用明细表视图可以统计项目中各类图元对象，生成各种样式的明细表。明细表可以分别统计模型图元数量、材质数量、图纸列表以及利用简单的公式进行初步的统计计算功能。接下来以窗构件为例，讲解建立窗类型明细列表并进行简单的计算的方法。

利用上一节讲解窗的建立与标注，在此基础上建立窗统计明细表。如图 6.3-1 所示，在【视图】选项卡中选择"明细表/数量"功能，弹出新建明细表对话框，选择要建立的类型，本例中选择"窗"类别，注意在新建明细表对话框中有"建筑构件明细表"和"关键字明细表"两种。建筑构件明细表的内容主要是按对象类别统计并列表显示项目中各类模型图元信息，例如可以统计窗图元的高度、宽度、数量等。另一个通过"明细关键字"创建的明细表，是通过新建"关键字"控制构件的图元及其参数值。

图 6.3-1　明细表类型选择

本节首先介绍"建筑构件明细表"使用，点击图 6.3-1 中的"明细表/数量"选择"建筑构件明细表"并在左侧类别列表中选择"窗类别"点击确定，切换到明细表属性对话框，在左侧"可用字段"选择需要的类别"高度、宽度、底高度、成本"如图 6.3-2 所示，如果没有需要的类别可点击"添加参数"增加需要的类别。

明细表属性对话框中的"计算值"表示通过输入公式来计算

图 6.3-2　明细表属性对话框

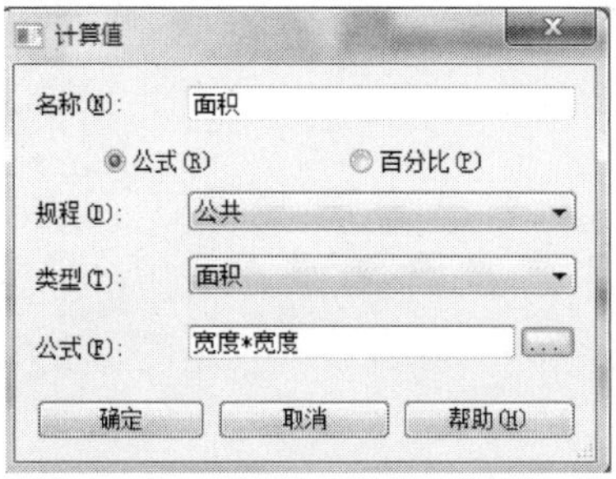

图 6.3-3  明细表计算对话框

明细表中某些类型，要注意的是只有添加到明细表中的才能计算。本例以窗户面积、价格计算为例，点击"计算值"输入名称，如图 6.3-3 所示。在"类型"中选择面积类型，如果在类型中选择不恰当会造成输入公式时显示"单位不一致"；输入公式后点击确定。生成明细表，如图 6.3-4 所示。

在生成的明细表中会发现价格栏中只有最后一栏出现价格数据，并没有在全部表格出现相应的价格（甚至所有的价格栏中都没有数据）。出现这样的原因是在平面视图中的窗属性中没有预先设定成本。回到平面视图中点击窗构件，在【属性】的成本栏中赋予其相应的数据，明细表会自动把相应数据计算出，建筑构件明细表完成。

<窗明细表 2>

| A | B | C | D | E | F | G |
|---|---|---|---|---|---|---|
| 标高 | 宽度 | 高度 | 成本 | 注释 | 价格 | 面积 |
| 标高1 | 1500 | 1800 | | | | 3 ㎡ |
| 标高1 | 1200 | 1800 | | | | 2 ㎡ |
| 标高1 | 1500 | 1800 | | | | 3 ㎡ |
| 标高1 | 1200 | 1800 | | | | 2 ㎡ |
| 标高1 | 1200 | 1800 | | | | 2 ㎡ |
| 标高1 | 1200 | 1800 | | | | 2 ㎡ |
| 标高1 | 1500 | 1800 | | | | 3 ㎡ |
| 标高2 | 1800 | 1800 | | | | 3 ㎡ |
| 标高2 | 1500 | 1800 | | | | 3 ㎡ |
| 标高2 | 1800 | 1800 | | | | 3 ㎡ |
| 标高2 | 1200 | 1200 | | | | 1 ㎡ |
| 标高2 | 1200 | 1200 | | | | 1 ㎡ |
| 标高2 | 1800 | 1800 | | | | 3 ㎡ |
| 标高2 | 1500 | 1800 | | | | 3 ㎡ |
| 标高2 | 1800 | 1800 | | | | 3 ㎡ |
| 标高2 | 1800 | 1800 | | | | 3 ㎡ |
| 标高2 | 1500 | 1800 | | | | 3 ㎡ |
| 标高1 | 1500 | 1800 | 15.00 | | 22.5 | 3 ㎡ |

图 6.3-4  窗明细表

在上述"简述构建明细表"的基础上建立"关键字明细表"，使用关键字明细表可以通过选择关键字值同时控制所有与该关键字关联的图元参数，详细步骤如下。

**Step1**：在窗明细表的基础上继续进行操作，切换到平面视图，选择任意窗图元查看"属性"对话框中的"标识数据"参数分组，只包括"注释和标记"两个分组，不做任何修改，目的是后面将对此参数进行对比。

**Step2**：点击【视图】选项卡中的明细表按钮，选择"明细表/数量"打开新建明细表对话框，左侧选择"窗"类别，右侧选择"明细表关键字"并确认关键字名称为"窗样式"，点击确定打开明细表属性对话框。

**Step3**：在明细表属性对话框中左侧可用字段列举所有可以与"明细表关键字"关联的窗参数，添加"注释"到右侧。注意这些参数只能被关键字明细表用一次，即在每个项目中建立一次关键字明细表可被利用的参数数量就会相应减少。

**Step4**：添加完给定参数后，点击"添加参数"按钮，打开参数属性对话框，如图 6.3-5 所示，参数类型默认为"项目参数"且不可更改，输入参数名称为"窗构造"，参数类型为"文字"，参数分组方式为"标识数据"。即该参数将出现在"标识数据"中，单击确定返回明细表属性对话框。

**Step5**："明细表字段"列表在增加了构造参数，点击确定创建出明细表视图，单击"修改明细表"栏中的"插入数据行"两次，在明细表中出现新建两行数据栏如图 6.3-6 所示，关键字名称自动排序 1、2，在每一行的注释和窗构造类型中分别输入 03J609、塑钢平开窗；07J604、塑钢平开窗。

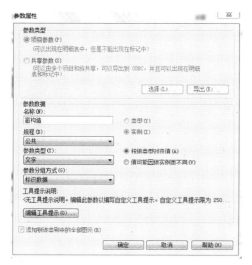

图 6.3-5　参数属性选择　　　　　　　　　图 6.3-6　窗样式明细表

**Step6**：回到平面视图中点击任意窗图元，查看"属性"对话框中的标识数据栏相对于 Step1 出现"注释、构造类型"两参数。打开"窗明细表"添加"窗样式"和"构造类型"参数至明细表中。在明细表中手动修改各行"窗样式"单元格值，这里提供与"关键字"明细表中输入数值相同的两种选择，实现以关键字驱动相关联参数值。

**Step7**：切换到平面视图。选择任意窗构件，查看"实例属性"对话框中的"注释"参数和"窗结构类型"参数已经修改为与明细表中一致的数值。

上述两种明细表做法很好地体现了 BIM 中协同参数化的原则，可以实现"一改处处改"的做法，另外关于图 6.3-1 所示中的"材料统计"等类型的明细表做法与前文明细表做法类似故不再阐述。

## 6.4　在幕墙中安装门窗

前 3 节讲解的门窗安装方法是在基本墙中安装，幕墙中安装门窗的方法与基本墙有很大区别。Revit 中无法通过插入的方式将门窗安装在幕墙中，如果要将门和窗安装到幕墙中，可以采用自定义幕墙嵌板将其替换为门和窗的方法。

**Step1**：新建一个项目，选择"建筑样板"。

**Step2**：在【项目浏览器】中展开"楼层平面"，进入默认"标高 1"楼层平面。

**Step3**：在【建筑】选项卡【构建】面板下选择"墙"命令，选择"墙：建筑"，在【属性】栏上选择"幕墙"。

**Step4**：将鼠标移动到"绘图区域"，鼠标左键单击起点，拖动鼠标向右任意长度，单击鼠标左键确定，完成幕墙的绘制。

**Step5**：将视图切换到"北立面"，在【建筑】选项卡【构建】面板下选择"幕墙网格"命令，对该幕墙进行划分，划分的长度值可以任意，划分完成后，如图 6.4-1 所示。

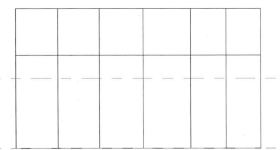

图 6.4-1　幕墙网格划分

**Step6**：将所有网格线上均添加"竖梃"，"竖梃"的类型可任意，只要添加即可，添加完后，如图 6.4-2 所示。

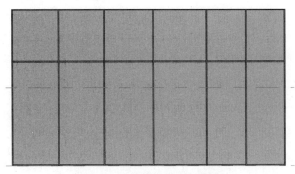

图 6.4-2　幕墙竖梃添加完成

**Step7**：鼠标左键放置到"幕墙网格线"上，按"Tab"键进行切换，选中任意一块幕墙嵌板，如图 6.4-3 所示。

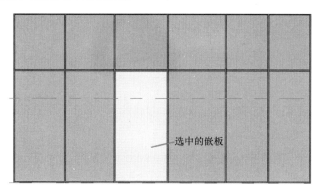

图 6.4-3　选中幕墙嵌板

**Step8**：选中完成后，在左侧的【属性】栏中，选择"编辑类型"按钮，弹出"类型属性"对话框，点击"载入（L）…"按钮，进行载入幕墙嵌板。

**Step9**：依次打开"China→建筑→幕墙→门窗嵌板"文件夹，选择"门嵌板 _ 单开门 1"和"窗嵌板 _ 50-70 系列上悬铝窗"族文件，点击"打开"，即可载入族文件，如图 6.4-4 所示。

图 6.4-4　载入族对话框

**Step10**：将原有的幕墙嵌板进行替换"门嵌板 _ 单开门 1"和"窗嵌板 _ 50-70 系列上悬铝窗"即可。替换后如图 6.4-5 所示。

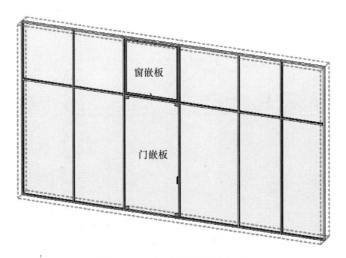

图 6.4-5 门窗嵌板替换完成

## 6.5 实战训练—学生浴池项目门窗的安装

### 6.5.1 建模思路

【建筑】选项卡→【构建】面板→"门窗"命令→放置门窗→编辑门窗的位置与高度。

### 6.5.2 门的安装

本节以"学生浴池"建筑图一层平面图 A 轴"M-1"门为例进行讲解。

在图纸"门窗汇总表"中可以查看"M-1"的尺寸为"1200mm×2100mm"，门窗详图中可以看出此门是子母门，因此我们需要进行载入"子母门"族进行放置。

**Step1**：打开第 5 章保存的"墙完成"项目，双击"标高 1"视图，单击【建筑】选项卡→【构建】面板→"门"命令。

**Step2**：在左侧【属性】栏上单击"编辑类型"按钮，弹出"类型属性"对话框，同样的方法进行载入"子母门"族。

**Step3**：双击打开"China→建筑→门→普通门→子母门"文件夹，选择"子母门"，单击"打开"即可载入子母门，如图 6.5-1 所示。

**Step4**：点击"编辑类型"对子母门进行编辑。弹出子母门"编辑类型"对话框。

**Step5**：单击"复制（D）…"，弹出"名称"对话框，更改名称为"M-1"，单击"确定"即可完后名字的修改。如图 6.5-2 所示。

图 6.5-1　子母门属性栏　　　　　图 6.5-2　名称对话框

**Step6**：在"类型属性"对话框中，更改门嵌板材质为"玻璃"，更改高度为 2100，宽度更改为 1200，单击"确定"，完成门的编辑。

**Step7**：切换到楼层平面即"标高 1"处，在 A 轴上找到门的位置。鼠标单击左键，即可完成门的放置，如图 6.5-3 所示。

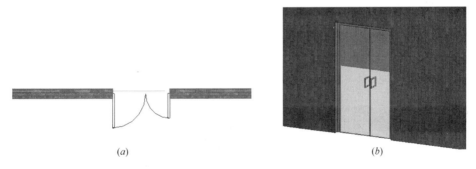

(a)　　　　　　　　　　　　　(b)

图 6.5-3
(a) 门平面视图；(b) 门三维视图

**Step8**：其余位置门的创建方法相同，根据图纸，进行创建即可。

## 6.5.3　窗的安装

本节以"学生浴池"建筑图一层平面图 A 轴"C-1"为例进行讲解。

在图纸"门窗汇总表"中可以查看"C-1"的尺寸为"1200mm×1800mm"，门窗详图中可以看出此窗的样式，因此我们需要进行载入相应的族进行放置。

提示：由于本窗的类型比较特殊，软件中默认的族库无此窗类型，请根据教材的素材进行选择。

**Step1**：接上节练习，打开"标高 1"视图，单击【建筑】选项卡→【构建】面板→"窗"命令。

**Step2**：在左侧【属性】栏上单击"编辑类型"按钮，弹出"类型属性"对话框，同样的方法进行载入"C-1"族。

**Step3**：选择"C-1"窗族，单击"打开"即可载入，如图 6.5-4 所示。

**Step4**：切换到楼层平面即"标高 1"处，在 A 轴上找到窗的位置。鼠标单击左键，即可完成门的放置，如图 6.5-5 所示。

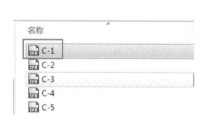

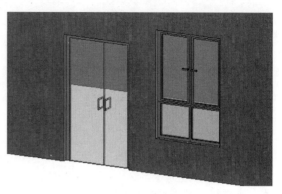

图 6.5-4　载入 C-1 窗族　　　　　　　图 6.5-5　插入窗三维示意图

**Step5**：其余位置窗的创建方法相同，根据图纸，进行创建即可。绘制完成后，如图 6.5-6 所示。

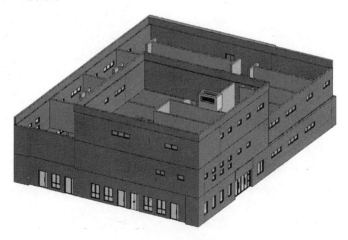

图 6.5-6　门窗绘制完成

**Step6**：项目另存为"门窗完成"。

# 第7章 楼板和天花板的创建

【导读】
  本章主要对楼板和天花板的创建方法进行讲解，主要包括普通楼板、带坡度楼板、异形楼板以及天花板的创建。
  第1节讲解了楼板的创建方法，包括普通楼板、带坡度楼板、异形楼板和楼板开洞。
  第2节讲解了天花板的创建方法。
  第3节通过学生浴池项目，讲解了实际工程中楼板和天花板的创建方法。

## 7.1 楼板的创建

  楼板是一种分隔承重构件，它将房屋垂直方向分隔为若干层，并把人和家具等竖向荷载及楼板自重通过墙体、梁或柱传给基础。按其所用的材料可分为木楼板、砖拱楼板、钢筋混凝土楼板和钢衬板承重的楼板等几种形式。

  楼板是建筑设计中常用的构件，与墙类似，都属于系统族。楼板可以创建楼面板、坡道和休息平台等。通常在平面视图中进行绘制楼板。创建楼板可以通过拾取墙或使用绘制工具绘制其轮廓来定义楼板边界。

  在大多数人的印象里楼板只是指建筑中每一层之间的分隔物，其实不然，建筑物中层与层之间的分隔只是指普通的楼板。在 Revit 中建立模型时会遇到多种不同类型的楼板，其中包括"普通楼板、带坡度楼板、异型楼板"等，下面的章节着重对上述三种楼板进行介绍。

### 7.1.1 普通楼板

**1. 新建楼板**

**Step1**：创建楼板类型

  在平面视图中，单击【建筑】→【构建】→【楼板】。在【属性面板】的【类型选择器】下拉列表中，列出了系统给出的楼板类型，如图7.1-1所示。举例：选择默认"常规－150mm"类型楼板，点击"编辑类型"。在类型属性中点击"复制"按钮，命名为"练习楼板－150mm"。

  点击"结构"右方"编辑"按钮。预览窗口中以不同图例和颜色代表楼板的

图 7.1-1  楼板类型

不同层数，由上至下代表楼板由上侧至下侧。点击结构右侧的编辑按钮，进入楼板的结构编辑，在此可以简单设置楼板的层数、各层的厚度。点击材质进入材质浏览器设置可更改各层的材质，如图 7.1-2 所示。

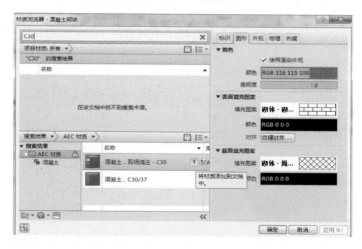

图 7.1-2  楼板结构材质

将结构层厚度改为 130，点击材质"按类别"按钮，打开"材质浏览器"，搜索"C30"，点击将"混凝土-现场浇筑-C30"右方的 🔼 箭头，添加到文档中，点击确定按钮。然后，再插入一层"水泥砂浆"面层，厚度为 20，设置如图 7.1-3 所示，完成后，依次点击弹出对话框"确定"按钮。结构必须在"核心边界"层里面，如果在核心边界层上下的功能均为"结构层"无法生成结构层。

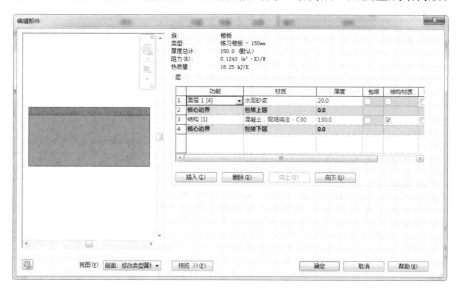

图 7.1-3　楼板结构层设置

**Step2：绘制楼板边界**

点击【绘制】→【边界线】，绘制楼板边界有以下方法：拾取墙：默认情况下"拾取墙"处于默认选中状态，在绘图区域中选择要用作楼板边界的墙。绘制边界："直线""矩形""多边形""圆形""弧形"等方式，根据状态栏提示绘制边界。

**提示：** 轮廓必须满足"闭合"和"不相交"两个基本条件。

举例：采用"矩形"绘制方式，在"标高 1"绘制长 10000，宽 8000 的闭合矩形边界，如图 7.1-4 所示。

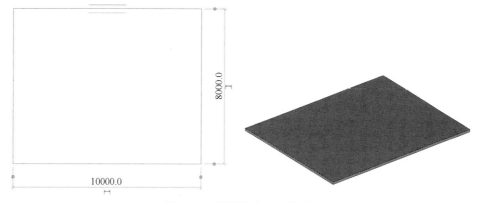

图 7.1-4　楼板轮廓及三维效果

**Step3：**完成楼板编辑

点击【模式】中"绿色对号"完成编辑，如图 7.1-5 所示。切换至三维视图。

图 7.1-5　楼板轮廓绘制工具

**2. 编辑楼板**

在实际项目中楼板的建立并不都是中规中矩的，时常会遇到各种各样形状的楼板，这就需要在建立楼板后进行进一步的修改。主要的修改方式是先选中要操作的楼板转到草图模式，在草图模式状态下修改楼板的外形轮廓来实现。注意在修改过程中外形轮廓线必须是一条封闭的几何形状，且各条轮廓线只能首尾相连，一定不能彼此相交。

编辑楼板草图：

选择该楼板，在【属性面板】上修改楼板的类型、标高等值。在平面视图中，选中该楼板，点击【修改楼板】→【模式】→【编辑边界】。可用【修改】面板中的"对齐"、"剪切"等命令对楼板边界进行编辑，或用【绘制】面板中的"直线"、"圆角弧"等命令绘制楼板边界。举例：采用"直线"、"圆角弧"和"剪切"等修改轮廓如图 7.1-6 所示。点击【模式】中"绿色对号"完成编辑。切换至三维视图。

**提示：图元较多时，可使用全部框选→过滤器方式选择楼板。**

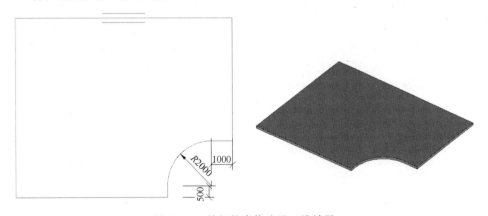

图 7.1-6　楼板轮廓修改及三维效果

## 7.1.2　带坡度楼板

在实际项目中除去形状各异的楼板外，楼板在高度方面也有不同。Revit 提供了建立坡度楼板的工具。建立坡度楼板的核心思想是使得一块楼板的两个边界处于不同的高度上，一方面可以通过设置不同的高程点来实现，（在异型楼板小

节会有介绍）；另一种好方法是通过设立坡度箭头来实现。本小节主要介绍通过
设立坡度箭头的方式来建立带坡度的楼板。

**Step1：绘制楼板边界**

点击【建筑】→【楼板】，采用上节中"练习楼板-150mm"楼板类型，在绘
图区域创建一个闭合轮廓。

举例：采用"矩形"绘制方式，紧邻上一楼板上边缘，同样在"标高 1"绘
制长 10000，宽 4000 的闭合矩形边界（图 7.1-7）。

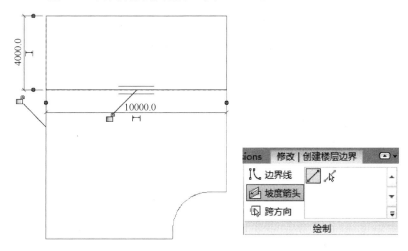

图 7.1-7　楼板边界坡度箭头

**Step2：添加坡度箭头**

在楼板边界轮廓上，点击【绘制】面板中的【绘制箭头】命令，根据状态栏
提示，"单击指定其起点"选定起点后，"单击指定其终点"。举例：以图 7.1-8
中箭头位置和方向为例。

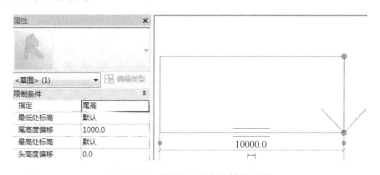

图 7.1-8　楼板边界坡度箭头属性

选中该箭头，【属性面板】实例属性的"指定"下拉菜单有"尾高"和"坡
度"两种方式，"尾高"代表将箭头"尾部"（起点）进行偏移，"坡度"代表沿

着箭头方向形成输入度数的相应坡度。举例：采用默认"尾部"，高度偏移量改为 1000。

**Step3**：完成编辑

点击【模式】中绿色"对号"完成编辑。切换至三维视图如图 7.1-9 所示。

图 7.1-9 带坡度楼板

**Step4**：继续添加楼板

在带坡度楼板上方继续绘制另一普通楼板，使带坡度楼板最高点到达该楼板。点击【建筑】→【楼板】，继续采用"练习楼板-150mm"楼板类型。

举例：采用"矩形"绘制方式，紧邻上一带坡度楼板上边缘，同样在"标高1"绘制长 10000，宽 3000 的闭合矩形边界。在【属性面板】实例属性中，自标高的高度偏移值输入 1000。点击【模式】中"绿色对号"完成编辑。切换至三维视图，如图 7.1-10 所示。

图 7.1-10 带坡度楼板到达楼板标高

## 7.1.3 异形楼板

为满足实际项目中形状各异的异型楼板，Revit 提供了可以将普通楼板修改成特殊形状的工具。其实质是在一些特殊的楼板设计中需要降低或升高楼板中某些点的高度，形成异形楼板。本节将会详细介绍异形楼板的建立过程。

**Step1**：选中普通楼板

在三维视图或平面视图选中某一楼板。

举例：以上一节最后在"标高 1"创建长 10000，宽 3000 的矩形楼板为例。

**Step2**：楼板形状编辑

三维视图或平面视图中选中该楼板，在【形状编辑】中【修改│楼板】面板中有【修改子图元】、【添加点】、【添加分割线】、【拾取支座】和【重设形状】。【形状编辑】面板如图 7.1-11 所示，各命令功能如下：

➢ 添加点：为楼板添加一个高程点。

➢ 添加分割线：为楼板添加一条分割线（用于添加线性边缘，以便重新构造选定楼板的几何形状。添加的分割线可以将几何图形分割为多个可独立操作的子区域）。

图 7.1-11　形状编辑面板

➢ 拾取支座：拾取梁，在梁中线位置为楼板添加分割线（主要功能用于定义分割线，并在选择梁时为楼板创建恒定承重线。另外端点距拾取参照的高程将创建新的分割边，高程可以使用板厚度从板的底面向上移动到顶面）。

➢ 修改子图元：选择之前的添加点、分割线，修改其高程（主要用于操纵之前添加的点和分割线，在具体操作时在视图中选中添加的点或线直接修改其高程的数值即可）。

➢ 编辑其重设形状：删除点和分割线，恢复楼板原状（此功能主要用来放弃对图元的修改，使楼板恢复到操作之前的形状）。

**Step3**：更改点高程

选择该楼板，切换至平面视图，单击【修改│楼板】→【形状编辑】→【修改子图元】，楼板四周边线变为绿色虚线，角点处有绿色高程点，如图 7.1-12。

举例：修改上面两个子图元高程点为－800，代表高程相对降低 800mm（此操作类似于建立带有坡度的楼板）。

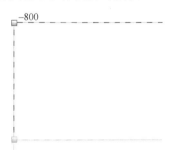
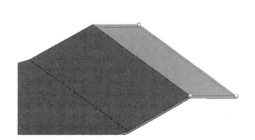

图 7.1-12　子图元高程更改

**Step4**：恢复原有形状

点击【重设形状】，恢复原有平楼板形状。

**Step5**：添加点和修改高程

在平面视图中，选中该楼板，点击【添加点】，在楼板中心处，将一个新点添加到楼板中，点击【修改子图元】，修改新添加点的高程为一200，切换至三维视图，形成楼板中间汇水的效果，如图 7.1-13 所示。

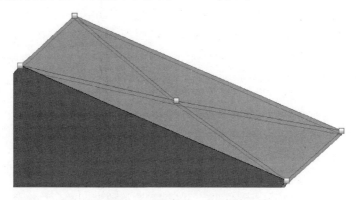

图 7.1-13　添加点子图元高程

继续点击【重设形状】，恢复原有平楼板形状。

**Step6**：添加分割线和修改高程

在平面视图中，选中该楼板，点击【添加分割线】，按图绘制两条分割线，点击【修改子图元】，修改两条新添加分割线的高程均为 500，如图 7.1-14 所示。切换至三维视图，形成坡度上升和下降的效果，如图 7.1-15 所示。

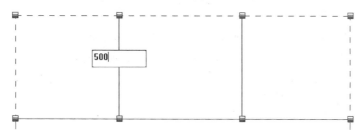

图 7.1-14　添加分割线修改子图元高程

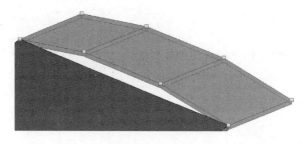

图 7.1-15　添加分割线修改子图元高程完成后效果

## 7.1.4　楼板开洞

楼板在承重上层物体的同时也起到了分隔每一层的作用。值得注意的是，在实际项目中层与层之间的楼板并不是完全封闭的，因为每一层之间需要设置楼梯或电梯等用来连接的构件，这就需要在楼板之间为楼梯构件预留位置（洞口）。本节将对楼板的开洞进行介绍。

在对楼板进行开洞时常用的开洞方式有 3 种，每一种方法都具有自己的特点，在实际应用时根据项目的需要灵活选择不同的开洞方式。点击【建筑】→【洞口】面板，有【按面】、【竖井】和【垂直】三种开洞方式。其中【按面】和【垂直】仅可以对某一楼板开洞，洞口边缘分别与面平行或垂直，这两种开洞方式常用于单层楼板之间设立楼梯时的开洞。【竖井】可以跨多个标高剪切多个楼板进行开洞，竖井开洞方式经常用于设立电梯时的开洞。下面的内容将对这三种开洞方式进行详细介绍。

**Step1：**【按面】和【垂直】开洞

以 7.1.2 节中建立中间位置带坡度楼板为例。点击【按面】，选中该楼板，建立一个闭合轮廓，举例：长 3000，宽 1000 的矩形轮廓，如图 7.1-16 所示。点击【模式】中的"绿色对号"完成编辑。

然后，继续点击【垂直】，选中该楼板，建立一个闭合轮廓，举例：在上一步洞口下方，同样绘制长 3000，宽 1000 的矩形轮廓，如图 7.1-17 所示。点击【模式】中的"绿色对号"完成编辑。

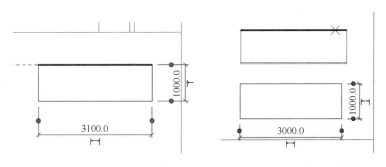

图 7.1-16　按面开洞轮廓　　　　图 7.1-17　垂直开洞轮廓

双击"东立面"，点击洞口，即可发现两种开洞方式的区别。通过观察楼板的两个洞口可直观地发现，"按面"（右侧）洞口，是与楼板的面平行的而左侧则是利用"垂直"方法建立的洞口，不难发现其洞口整体是与楼板垂直的，如图 7.1-18 所示。

**Step2：**【竖井】开洞

以 7.1.1 中建立的普通楼板为例。为说明竖井开洞的方法，需要建立两层及

图 7.1-18　开洞方式区别

两层以上的楼板，首先通过复制粘贴的方式建立多层楼板。

选中该楼板，点击【剪贴板】中【复制到剪贴板】，如图 7.1-19 所示，发现【粘贴】工具由灰色变为可使用状态，然后点击【粘贴】下方的向下箭头，选择"与选定的标高对齐"方式，如图 7.1-20 所示。"Ctrl＋左键点选"或"左键拖拽"等方法选中对话框的中的所有标高，点击"确定"按钮，复制该楼板后三维效果如图 7.1-21 所示。

图 7.1-19　剪贴板　　　　图 7.1-20　粘贴方式

图 7.1-21　复制楼板

切换至"标高 1"平面视图，点击【建筑】→【竖井】，采用【绘制】中工具绘制一个闭合轮廓。举例：采用"圆形"工具，在该楼板内部绘制一个半径为 2000 的圆形。【属性面板】中各约束条件代表竖井的高度位置，如图 7.1-22 所示，可以进行更改。

点击【模式】中"绿色对号"完成编辑。切换至三维视图，三维效果如图
7.1-23 所示。按"Esc"键退出，形成跨多层竖井开洞的效果，可以用来跨多层
建立楼梯间、电梯井和管道井等。

图 7.1-22 竖井属性      图 7.1-23 竖井跨多层开洞

## 7.2 天花板

天花板是建筑物室内顶部表面的地方。在室内设计中，天花板可以美化室内
环境及安装吊灯、光管、吊扇、开天窗、装空调，起到改变室内照明及空气流通
的效用。

天花板位置默认为安装在所选定标高的上方。例如，如果在标高1上创建天
花板，默认天花板将放置在标高1上方2600mm的位置，可以使用天花板类型属
性指定该偏移量。如图7.2-1所示，可直观地观察楼板与天花板的相对位置，标
高3米的下方为天花板。

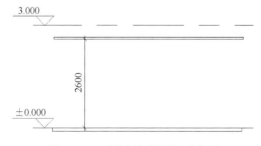

图 7.2-1 天花板与楼板相对位置

**Step1**：建立天花板类型

点击【建筑】→【构建】→【天花板】工具，在【属性面板】中【类型选择
器】中选择系统提供的天花板类型。举例：选择"600×600mm 轴网"，如图

7.2-2 所示。在【编辑类型】→"结构"→"编辑"更改天花板结构和材质。举例：在此采用默认值。

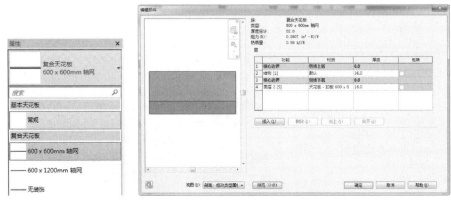

图 7.2-2　天花板类型和结构编辑

**Step2**：绘制天花板边界

双击"天花板视图"下"标高 1"，进入"标高 1"平面视图，可使用两种方式放置天花板分别为【自动创建天花板】和【绘制天花板】。

【自动创建天花板】工具处于默认选中状态。在单击构成闭合环的内墙时，该工具会在这些边界内部放置一个天花板，而忽略房间分隔线。

举例说明自动绘制天花板的方式，如图 7.2-3 所示，有一单层房间框架模型，其中顶部标高为 3200，需要在距离顶部标高 200 处通过自动绘制方式建立一厚度为 100 的天花板。

创建思路：在绘制天花板时，在"属性"面板中控制天花板的位置的参数是

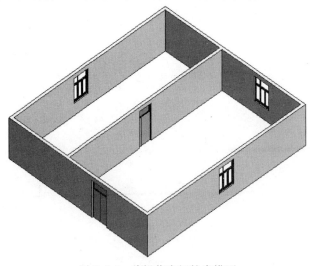

图 7.2-3　待操作房间轮廓模型

通过"自底部标高向上偏移"来实现的。因此要对天花板在立面的垂直距离进行计算，项目要求距离顶部标高 200 且天花板的自身厚度为 100，天花板底部距离底部标高为 3200 减去 200 减去 100，结果为 2900。

切换至标高 1 楼层平面视图，点击工具栏中的"天花板"工具按钮，系统切换至"修改│放置 天花板"上下文选项卡。在此状态下利用"属性"面板选择要求的天花板类型。并点击"属性"面板中的"编辑类型"按钮，切换至"类型属性"对话框；在对话框中为选中的天花板类型设置规定的结构类型，并点击确定返回"修改│放置 天花板"状态。并在"属性"面板的选项栏中设置"自标高的高度偏移"为 2900，如图 7.2-4 所示。

在"修改│放置 天花板"状态下，工具栏中有"自动创建天花板"和"绘制天花板"两个操作按钮。选择"自动创建天花板"按钮，把鼠标拖动至模型的平面视图范围内。会自动捕捉放置天花板的房间轮廓。需要读者注意的是，项目模型中房间由内墙分隔为两部分，Revit 在进行自动捕捉时一次只能捕捉一个房间，如需要为多个房间建立天花板需要重复自动捕捉的操作。自动捕捉到需要的房间轮廓后点击鼠标左键确定，弹出如图 7.2-5 所示的警告提示栏，忽略即可。

图 7.2-4　属性面板中偏移设置　　　　　图 7.2-5　警告栏

初步建立的结果如图 7.2-6 所示，（图中蓝色透明的为天花板构件）剩下房

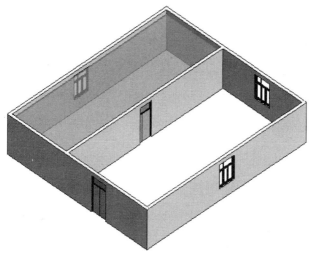

图 7.2-6　利用自绘制功能绘制的天花板构件

间的天花板采用自动绘制模式时重复上述步骤即可。

【绘制天花板】工具为手动绘制天花板边界。类似于楼板的建立过程即在进行天花板建立时，通过"拾取墙"、"直线"等工具先为天花板建立边界轮廓，然后点击确定生成构件模型。

举例：点击【绘制天花板】→【绘制】，采用矩形绘制一个长10000，宽10000的闭合矩形轮廓。点击【模式】中"绿色对号"完成编辑。切换至三维视图，"视觉样式"改为"真实"，旋转至天花板正面视图可以看到天花板内部样式，如图7.2-7所示。

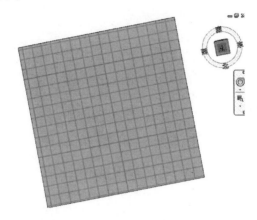

图 7.2-7　天花板类型和结构编辑

**Step3：**天花板的编辑

在实际项目中，由于天花板构件设立在楼板的下部，根据实际需要有时会要对天花板进行特殊形状的编辑，或建立异型的构件。在平面视图选中该天花板，点击【模式】→【编辑边界】，类似于楼板编辑，在【绘制】面板中，同样可以采用【坡度箭头】建立带坡度楼板。

另外在实际项目中，为安装线路、管线等机电构件需要天花板进行开洞处理时。具体操作与楼板的开洞处理完全相同。在【建筑】→【洞口】面板中，同样可以采用各种洞口工具进行开洞。

## 7.3　实战训练——学生浴池项目楼板的创建

### 7.3.1　建模思路

【建筑】选项卡→【构建】面板→"楼板"命令→编辑类型→选择绘制方式→完成创建和绘制。

### 7.3.2 浴池楼板的创建

本节以创建"标高 1"楼板为例，进行讲解。

**Step1**：单击【建筑】选项卡→【构建】面板→"楼板"命令，用"常规-150mm"楼板进行复制学生浴池楼板。

**Step2**：单击"编辑类型"，弹出"编辑类型"对话框，单击"复制（D）…"，弹出"名称"对话框，输入新名称"学生浴池标高 1 楼板"，单击"确定"完成新建。如图 7.3-1 所示。

图 7.3-1 名称对话框

**Step3**：单击"类型参数"下的编辑按钮，对该楼板进行结构的编辑。根据建筑图纸相关要求进行创建，创建的方法与墙相同。创建完成后如图 7.3-2 所示。

图 7.3-2 "楼板"编辑部件对话框

**Step4**：单击"确定"即可完成楼板的创建。软件自动返回到"绘图区域"，找到该楼板的具体位置，选择楼板的绘制方式为直线，沿着墙边进行"直线"绘制即可。

**Step5**：利用相同的方法，创建其他位置的楼板，绘制完成后，如图 7.3-3 所示。

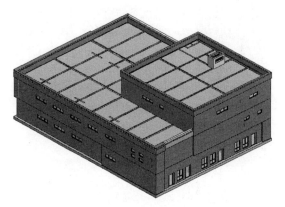

图 7.3-3　楼板绘制完成三维

**Step6**：将项目另存为"天花板完成"。

# 第8章　屋顶的创建

【导读】

　　本章主要对屋顶的创建方法进行讲解，主要包括普通屋顶、玻璃斜窗、老虎窗和屋顶附件的创建。

　　第1节和第2节分别讲解了采用迹线和拉伸方式创建屋顶的基本方法。

　　第3节讲解了玻璃斜窗的创建方法。

　　第4节讲解了屋顶边界和屋顶坡面两种老虎窗的创建方法。

　　第5节讲解了屋顶附件的安装方法。

　　第6节通过学生浴池项目，讲解了实际工程中屋顶的创建方法。

　　屋顶是房屋或构筑物外部的顶盖。包括屋面以及在墙或其他支撑物以上用以支撑屋面的一切必要材料和构造。在 Revit 建筑设计中屋顶包含项目文件中的普通屋顶和体量模型中的屋顶，本章主要介绍项目文件中的普通屋顶，体量模型屋顶在后面会有详细的讲解。在 Revit 中屋顶的建立方式主要有两种，一是迹线屋顶，二是拉伸屋顶。不难理解迹线屋顶是通过绘制屋顶边界建立屋顶的过程，而拉伸屋顶强调拉伸，通过建立屋顶的一条横断面边界横向拉伸而成。二者比较后相对来说拉伸屋顶较为简单。

图 8-1　不同种类型屋顶

## 8.1　采用迹线屋顶方式创建屋顶

迹线屋顶在建立时主要通过建筑的迹线来定义其边界进而生成屋顶。要按照迹线创建屋顶需要打开楼层的平面视图来绘制。并且在创建屋顶时可以根据实际项目的要求为屋顶指定不同的坡度和悬挑，或者先使用默认值，完成后再统一进行修改。在具体的绘制过程中经常使用的方法是先使用默认值，最后再统一进行修改。

**Step1：**屋顶类型的编辑

切换至"平面视图"中"标高 1"，点击【建筑】→【构建】→【屋顶】下拉列表中【迹线屋顶】。

**提示：当在最低标高创建屋顶时，会弹出图 8.1-1 中提示，改为"标高 2"建立屋顶。**

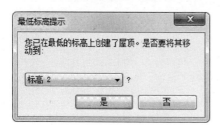

图 8.1-1　迹线屋顶标高提示

在【属性面板】的【类型选择器】中共有"基本屋顶"和"玻璃斜窗"两种屋顶类型。"基本屋顶"是指普通的屋顶，"玻璃斜窗"实质是指玻璃材质屋顶，其性质和玻璃幕墙一致，具体的绘制与玻璃幕墙类似，可以为其添加网格与竖梃，并为其镶嵌玻璃嵌板。

本小节以"基本屋顶"为例。选择"常规－125mm"，点击"编辑类型"，复制该类型，命名为"练习屋顶－125mm"，点击"结构"→"编辑"。修改结构如图 8.1-2 所示，依次点击"确定"按钮。

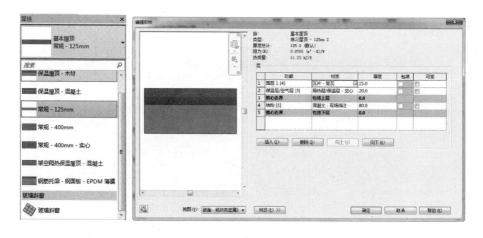

图 8.1-2　屋顶类型编辑

**Step2**：屋顶边界绘制

【绘制】面板默认为"拾取墙"工具，可以拾取墙边界形成屋顶迹线。举例：点击"矩形"工具，在绘图区域绘制长 10000、宽 8000 的闭合边界，如图 8.1-3 所示。

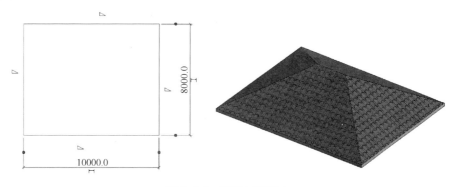

图 8.1-3　迹线屋顶建立

"定义坡度"是指每个屋顶边缘坡度，"悬挑"指的是屋顶边缘向外延伸与墙体的距离。"悬挑"一般用在屋顶的装饰方面，关于屋顶的修饰在屋顶附件中会具体介绍。

提示：此时工具栏为默认勾选"定义坡度"，悬挑值为 0。

图 8.1-4 为绘制迹线屋顶边界线的所有工具。在上述例子中使用的矩形工具，常用的工具还有"拾取墙"和"线条"。其中"拾取墙"工具是指利用鼠标选择已经建立的且将要作为屋顶边界的墙构件。注意在使用"拾取墙"工具时要区分拾取的墙构件为墙体的内侧线还是外侧线，且拾取的轮廓线必须保证是封闭的轮廓。利用"线条"建立轮廓时用法与"矩形"相同，需注意建立的轮廓封闭。

图 8.1-4　屋顶绘制方式

在迹线屋顶的轮廓线绘制完成后点击【模式】中"绿色对号"，完成编辑，切换至三维视图。

**Step3**：坡度修改

在平面视图或三维视图下，选中该屋顶，点击【模式】下【编辑迹线】，选择其中一条边界，如图 8.1-5 所示，如勾选【属性面板】中"定义屋顶坡度"，代表该边界将形成斜坡屋顶，如不勾选，屋顶在该边界方向将不形成斜坡。"与屋顶基准的偏移"代表该边界与基准形成屋顶的偏移，如输入正值，将向内侧偏移，相反负值为向外侧偏移。

"尺寸标注"中"坡度"代表斜坡坡度，与点击绘图区域边界线，然后修改"三角箭头"附近数值的效果是相同的。

图 8.1-5 迹线屋顶更改

举例：将上、下边界坡度定义为 45°，左右边界取消"定义屋顶坡度"。

**Step4**："标高 2"平面视图范围

切换至"标高 2"平面视图，可以看到屋顶未完全显示。这是由于视图的设置范围造成的，当顶部视图范围设置量小于屋顶的高度时就会出现不能完全显示的现象。

这一问题需要通过设置"属性"面板中的"视图范围"来解决。具体做法为：点击【属性面板】中的"视图范围"编辑，发现"顶部"和"剖切面"偏移量设置值较低，如图 8.1-6 所示。

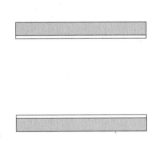

图 8.1-6 视图范围更改前

切换至"立面视图"或"三维视图"，点击【注释】→【高程点】，标记屋顶最高点高程，如图 8.1-7 所示。该高程与"标高 2"高程之间的距离应设置为"剖切面"最小偏移量，"顶部"设置值应高于剖切面，如图 8.1-8 所示。

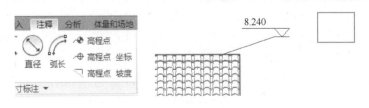

图 8.1-7 测量屋顶最高点高程

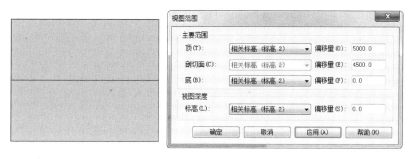

图 8.1-8　视图范围更改后

通过下面的案例来加深对于迹线屋顶的理解。根据图 8.1-9 中尺寸建立迹线屋顶，屋顶坡度均为 15 度，注意 5 号轴网与 10 号轴网之间南北两方向上坡度不同。

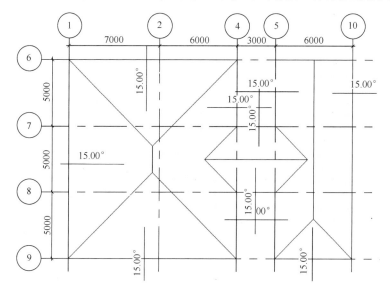

图 8.1-9　主视图

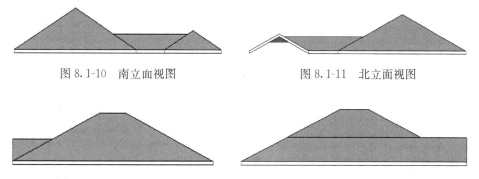

图 8.1-10　南立面视图　　　　　　　图 8.1-11　北立面视图

图 8.1-12　西立面视图　　　　　　　图 8.1-13　东立面视图

案例解析：观察主视图可知各个轴网之间的尺寸以及屋顶各个边坡的角度，由于图中并没有涉及标高问题所以不考虑屋顶的起始标高。值得注意的是在 5 号轴网与 10 号轴网之间南立面视图和北立面视图稍有不同，南立面视图中左右下三边界均有定义坡度，北立面视图中只有左右边界具有定义坡度。

创建步骤：

➤ 运行 Revit→选择建筑项目样板，新建项目文件→根据题中主视图标注尺寸建立轴网。

➤ 依次点击【屋顶】→选择迹线屋顶→选择直线绘制，以轴网为参照尺寸，绘制屋顶轮廓如图 8.1-14，注意图中标注的坡度。定义坡度标注的方式不同，形成的结果不同。如图 8.1-14 红色方框内所标注的为不设定坡度，对应右侧屋顶的三维模型图。黑色圆圈所标注的为设定了坡度的屋顶模型，对应的右侧三维模型。可明显观察到二者的屋顶坡度不同。

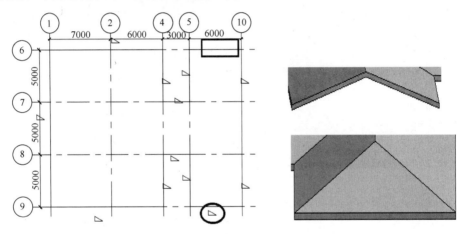

图 8.1-14　迹线屋顶轮廓图

➤ 在轮廓线绘制完成以后，点击"绿色对号"确定，生成屋顶模型。

➤ 点击【注释】→"线性标注"来标注长度，"高程点 坡度"来标注屋顶各边的坡度。

## 8.2　采用拉伸屋顶方式创建屋顶

拉伸屋顶与迹线屋顶性质略有不同，上述迹线屋顶是在平面视图中通过绘制屋顶的平面轮廓并在其轮廓上定义坡度从而生成屋顶；拉伸屋顶则是在立面视图、三维视图或剖面视图中绘制屋顶的侧面轮廓，通过拉伸直接生成屋顶，屋顶的高度与坡度取决于侧面轮廓绘制的高度与角度。本小节将介绍拉伸屋顶的绘制。

**Step1**：绘制参照平面

在"标高 2"平面视图点击【建筑】→【屋顶】→【拉伸屋顶】，会弹出对话框提示选取工作平面，但该视图内并无任何平面可以拾取或选择，因此需要点击"取消"按钮。首先在绘图区域创建一个参照平面。点击【建筑】→【工作平面】→【参照平面】。举例：在绘图区域绘制一条垂直平面。

**Step2**：绘制拉伸屋顶

再次在"标高 2"平面视图点击【建筑】→【屋顶】→【拉伸屋顶】，会弹出对话框提示选取工作平面，采用默认拾取一个平面，点击确定。在绘图区域拾取上一步新绘制的工作平面，弹出"转到视图"对话框，选择视图"东"或"西"。举例：选择"东立面"，点击打开视图，如图 8.2-1 所示。

提示：如拾取的工作平面是水平绘制，此处"转到视图"为"南"或"北"。

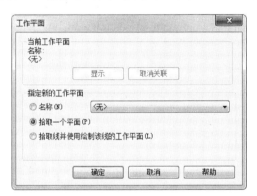

图 8.2-1　拾取工作平面及转到视图

弹出"屋顶参照标高和偏移"对话框，设置参照线的位置。举例：采用默认值。

提示：此处拉伸屋顶的参照标高，仅作为参照，并非屋顶线一定在该参照线上绘制。

在"东立面"采用【绘制】中的"弧线"工具，绘制弧线拉伸线条。【属性面板】选择"练习屋顶-125mm"类型。点击【模式】中"绿色对号"完成编辑。切换至三维视图，如图 8.2-2 所示。

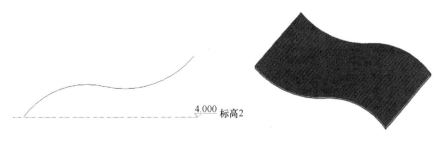

图 8.2-2　拉伸屋顶建立

提示：线条边界必须是连续的，因为屋顶有一定的厚度，因此不能有较大的"尖角"。

选择该屋顶，拖拽两个蓝色箭头可以更改屋顶的拉伸起点和终点。在【属性面板】同样可以对拉伸起点和终点进行更改，另外还可以修改所在标高及偏移量，如图 8.2-3 所示。

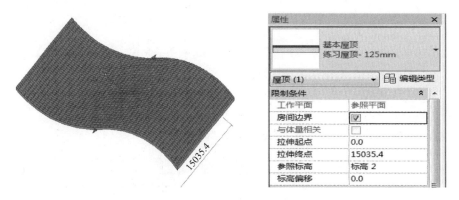

图 8.2-3 拉伸屋顶编辑和修改

**Step3**：上述步骤完成拉伸屋顶的绘制，在实际工程建模时，由于屋顶本身具有的角度或坡度造成屋顶与墙体之间留有空隙不能连接，如图 8.2-4 所示，需要选中【屋顶】→【修改│屋顶】→"连接"工具→选择要连接的墙体和屋顶（本段墙体与屋顶之间的连接同样适用于迹线屋顶）。

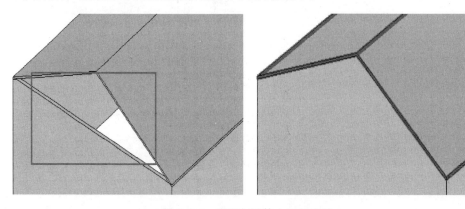

图 8.2-4 屋顶与墙体之间的连接

## 8.3 玻璃斜窗的创建

玻璃斜窗的建立的方法与迹线屋顶类似，具体绘制过程不再重复讲解，在"三维视图"或其他视图，选中 8.1 节中绘制的迹线屋顶，【属性面板】的【类型选择器】下拉选择"玻璃斜窗",点击【编辑类型】→"复制",命名为"练习玻璃斜窗",更改网格和竖梃的属性参数,如图 8.3-1 所示。

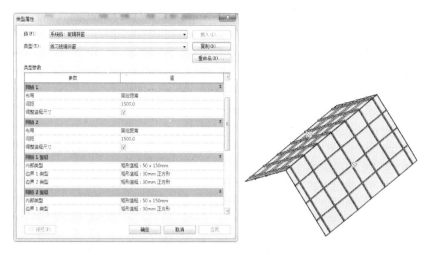

图 8.3-1　玻璃斜窗的建立

需要说明的是在玻璃斜窗中设置竖梃时,分为纵横两个方向,即【属性】面板中"编辑参数类型"对话框中的"网格 1"和"网格 2","网格 1、2"内容指竖梃的定位距离或数量定位,而"网络 1、2 竖梃"的内容指纵横两方向上具体的竖梃类型,其中两边界与中心的竖梃类型分别进行设置。

## 8.4　老虎窗的创建

老虎窗,又称老虎天窗,上海俗语,指一种开在屋顶上的天窗(dormer)。也就是在斜屋面上凸出的窗,用作房屋顶部的采光和通风。在 Revit 中将屋顶设置成图中老虎窗的效果,需要进行较为高级和复杂的建模过程。根据建模方式的不同,在此主要将老虎窗分为两种,一种为图 8.4-1 中左图效果,老虎窗从屋顶边界部位"翘起",较为少见。第二种为图 8.4-1 中右图效果,在屋顶中部开洞,外加另一个屋顶,形成屋顶坡面老虎窗。

图 8.4-1　老虎窗

### 8.4.1　屋顶边界老虎窗

**Step1**：采用【迹线屋顶】建立一个带坡度屋顶。在此以 8.1 节迹线屋顶为例。

**Step2**：编辑迹线

切换至"标高 2"平面视图，选中该屋顶，点击【模式】→【编辑迹线】，以上边界为例，首先，需要将该边界打断为至少三段，使用【修改】中"拆分图元"工具。依次点击 A、B 两点进行拆分，如图 8.4-2 所示，拆分后将出现三个"三角形"坡度符号。点击中间边界，取消该边界坡度。

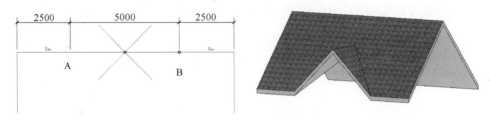

图 8.4-2　屋顶边界老虎窗

**提示：坡度符号和添加坡度角度不能同时存在于一条边界之上。**

**Step3**：添加坡度箭头

点击【绘制】→【坡度箭头】，更改【属性面板】中"指定"为"坡度"，坡度数值改为 45°。以打断点为起点，分别向边界中点绘制坡度箭头。点击【模式】中"绿色对号"完成编辑。切换至三维视图。

### 8.4.2　屋顶坡面老虎窗

**Step1**：采用【迹线屋顶】建立一个带坡度屋顶。在此仍以 8.1 节迹线屋顶为例。

**Step2**：新建一个小屋顶

在"标高 2"平面视图点击【建筑】→【屋顶】→【迹线屋顶】，绘制一个与已存在大屋顶相垂直的小屋顶。举例：小屋顶长 4000mm，宽 2000mm，取消上下边界的坡度，左右边界坡度为 30°。如图 8.4-3 所示。

图 8.4-3　屋顶尺寸

**Step3**：屋顶连接

在三维视图下，选择合适的角度，选中某个屋顶，在【修改｜屋顶】→【几何图形】面板中点击【连接/取消连接屋顶】工具，如图 8.4-4 所示。首先点击小屋顶靠近大屋顶的边缘线，再点击大屋顶靠近小屋顶的外部面，小屋顶将连接至大屋顶外部面，如图 8.4-5 所示。

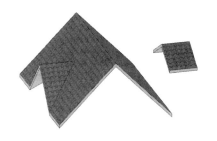

图 8.4-4　连接屋顶　　　　　　　图 8.4-5　连接屋顶

**Step4：修改小屋顶**

切换至"标高 2"平面视图，移动小屋顶至大屋顶面内部，如图 8.4-6 所示。

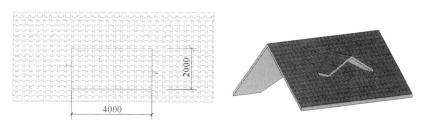

图 8.4-6　修改小屋顶位置

**Step5：建立墙和窗**

按照图 8.4-7 所示的构造，建立侧墙和正立面墙。切换至"标高 2"平面视图，视觉样式设置为"隐藏线"，点击【建筑】→【墙】，举例：采用"常规－200mm"类型，编辑类型进行复制，命名为"老虎窗墙－200mm"，结构厚度200mm，材质为砖。

采用【绘制】面板【拾取线】工具，在工具栏设置偏移量为 200mm，在绘图区域向内侧拾取侧墙和正立面墙，如图 8.4-8 所示。

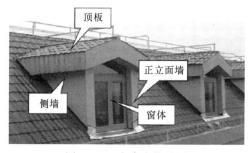

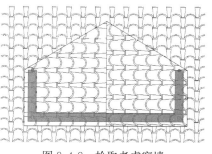

图 8.4-7　老虎窗构造图　　　　　　图 8.4-8　拾取老虎窗墙

**Step6**：墙的附着

切换至"三维视图"，选择合适的角度，选择其中一面墙或三面墙同时选中，点击【修改｜墙】面板下的【附着顶部/底部】，选项栏采用默认"附着顶部"，然后点击小屋顶，快速实现附着效果。下部墙体可通过点击【修改｜墙】面板下的【附着顶部/底部】，选项栏改选为"附着底部"，然后点击大屋顶，完成附着，如图 8.4-9 所示。

图 8.4-9　墙的附着

**Step7**：添加窗

点击【建筑】→【窗】，"编辑类型"载入合适的窗族，安装至正立面墙上即可。安装后发现，大屋顶并未开洞，下一步进行大屋顶开洞。

**Step8**：大屋顶开洞

屋顶开洞可以使用之前楼板开洞中使用过的【按面】或【垂直】，但对于老虎窗屋顶开洞，可以使用专用的【老虎窗洞口】。切换至"三维视图"，点击【建筑】→【洞口】→【老虎窗】，按照状态栏提示，首先选取要开洞的屋顶，在此选中大屋顶。然后，点击【修改｜编辑草图】→【拾取】→【拾取屋顶/墙边缘】工具，依次选择三面墙和两个屋顶交接处，采用【修改】面板，"修建延伸为角"工具形成闭合边界，如图 8.4-10。点击【模式】中"绿色对号"完成编辑，切换至三维视图。

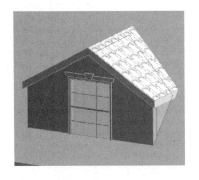

图 8.4-10　老虎窗开洞

## 8.5　屋顶附件的安装

在【建筑】→【屋顶】工具下拉菜单中，默认三种屋顶附件的放置，分别为底板、封檐带和檐槽。

　　封檐板又称檐口板，遮檐板。设置在坡屋顶挑檐外边缘上瓦下的通长木板。一般用钉子固定在椽头或挑檐木端头，南方古建筑则钉在飞檐椽端头，用来遮挡挑檐的内部构件不受雨水浸蚀和增加建筑美观。其高度按建筑立面设计确定，一般为 200～300mm，厚度 25～30mm。悬山屋面山面封檐板又称为博风板或封山板。

　　屋顶的檐槽是指在建立好的屋顶周围设立的沟槽桩围边，主要目的用来排水。在绘制过程中主要用在屋顶的周围，建立方式并不复杂。

　　屋顶底板是指在屋顶超出墙体的部分底部建立特定结构的底板，主要目的一方面用来保护屋顶，另一方面用来装饰屋顶的外表。其建立过程并不复杂主要通过"拾取屋顶边"和"拾取墙"工具来实现，另外除常规屋顶底板外，在 Revit 中还可以建立倾斜的屋檐底板，在接下来的内容中将会详细介绍。

　　举例：参照以图 8.5-1 为例，分别为 8.4 节完成的老虎窗屋顶添加屋顶附件。为了达到与墙体连接的效果，为 8.4 节中老虎窗屋顶四面添加墙体，如图 8.5-2 所示。

图 8.5-1　屋顶附件图例　　　　　　　图 8.5-2　待添加屋顶附件项目

## 8.5.1　屋顶封檐板的安装

**Step1**：类型属性

　　点击【建筑】→【构建】→【屋顶】下拉列表【屋顶：封檐板】，【属性面板】中仅有【封檐板】一种类型，实例属性中可以设置轮廓的偏移量，实际上改封檐板是由轮廓族形成的，点击【类型属性】，可以编辑"构造轮廓"和"材质"。举例：构造轮廓为"封檐板—平板 19×286mm"。

**Step2**：添加封檐板

　　鼠标移动至屋顶、檐底板、其他封檐带或模型线的边缘，然后单击以放置此封檐带。单击边缘时，Revit 会将其作为一个连续的封檐带。若封檐带的线段在角部相遇会自动相互斜接，如图 8.5-3 所示。

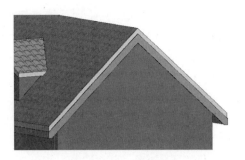

图 8.5-3　添加封檐板

## 8.5.2　屋檐底板的安装

**Step1**：建立底板属性

在平面视图中，点击【建筑】→【构建】→【屋顶】→【屋顶：檐底板】工具。檐底板仅列出一种类型为"常规-300mm"。举例：点击【属性面板】→【编辑类型】，复制其名称为"练习底板-150mm"，编辑其结构厚度为 150mm。

**Step2**：绘制底板边界

在【绘制】→【边界线】中默认为【拾取墙】工具，即通过拾取墙边界创建底板边界线。可以采用【拾取屋顶边】，即拾取屋顶的边缘线作为边界。或者通过其他绘制方式，绘制闭合边界，举例：采用【矩形】工具，在屋顶下边界内，绘制一个长度等同于屋顶长度，宽度由屋顶边缘延伸至外墙边缘的闭合边界，如图 8.5-4 所示。

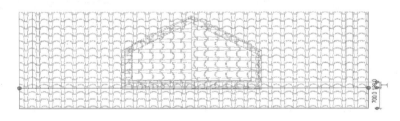

图 8.5-4　底板边界

**Step3**：修改标高

在【属性面板】中修改底板的标高，与封檐板的底边缘对齐。举例："至标高的偏移量"输入"-280"。

**Step4**：屋顶与底板连接

切换至"三维视图"，旋转至合适角度。选中底板或点击【修改】，在【几何图形】面板，点击【连接】，如图 8.5-5 所示。若先点击封檐板，再点

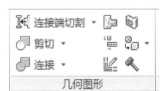

图 8.5-5　连接工具

击底板，或者先点击底板，再点击封檐板，连接后如图 8.5-6（b）所示。

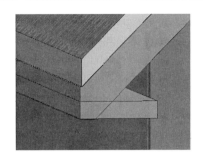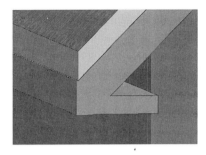

图 8.5-6 连接工具

（a）未连接前；（b）底板连接屋顶

### 8.5.3 檐槽的安装

**Step1**：建立檐沟属性

在平面视图中，点击【建筑】→【构建】→【屋顶】→【屋顶：檐槽】工具。同封檐板一样，檐沟同样为轮廓形成，点击【编辑类型】可以编辑"构造轮廓"和"材质"。举例：在此采用默认值。

**Step2**：添加檐沟

鼠标移动至屋顶、檐底板、其他封檐带或模型线的边缘，然后单击以放置此檐沟，如图 8.5-7 所示。

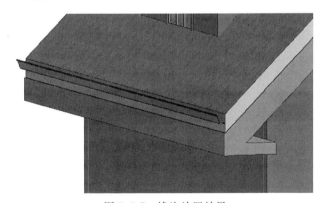

图 8.5-7 檐沟放置效果

## 8.6 实战训练—学生浴池项目屋顶的创建

### 8.6.1 建模思路

【建筑】选项卡→【构建】面板→"屋顶"命令→编辑类型→选择绘制方式

155

→完成创建和绘制。

## 8.6.2 浴池屋顶的创建

由于屋顶在整个建筑的最上部，因此本节以"标高 3"处的屋顶为例进行讲解。

**Step1**：单击【建筑】选项卡→【屋顶】→"迹线屋顶"命令，用"常规-125mm"屋顶进行复制学生浴池屋顶。

**Step2**：单击"编辑类型"，弹出"编辑类型"对话框，单击"复制（D）…"，弹出"名称"对话框，输入新名称"浴池保温屋顶"，单击"确定"完成新建。如图 8.6-1 所示。

图 8.6-1　名称对话框

**Step3**：单击"类型参数"下的编辑按钮，对该保温屋顶进行结构的编辑。根据建筑图纸相关要求进行创建，创建的方法与楼板相同。创建完成后如图 8.6-2 所示。

图 8.6-2　"屋顶"编辑部件对话框

**Step4**：单击"确定"即可完成屋顶的创建。自动返回到"绘图区域"，找到该屋顶的具体位置，选择屋顶的绘制方式为直线，沿着墙边进行"直线"绘制即可。取消屋顶坡度，创建为平屋顶。

**Step5**：利用相同的方法，创建其他位置的屋顶，绘制完成后，如图 8.6-3 所示。

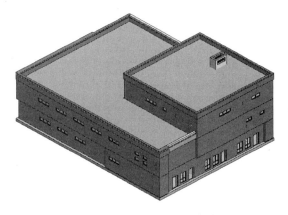

图 8.6-3 "屋顶"绘制完成

**Step6**：将项目另存为"屋顶完成"。

# 第9章 楼梯、坡道和栏杆扶手的创建

【导读】

本章主要对楼梯、坡道和栏杆扶手的创建方法进行讲解。

第1节讲解了按构件和按草图两种创建楼梯的基本方法。

第2节讲解了坡道的创建方法，包括直坡道和螺旋坡道。

第3节讲解了栏杆扶手的创建和编辑方法。

第4节通过学生浴池项目，讲解了实际工程中楼梯和坡道的创建方法。

## 9.1 楼梯的创建

### 9.1.1 楼梯构造概述

楼梯是建筑物中作为楼层间垂直交通用的构件。用于楼层之间和高差较大时的交通联系。在设有电梯、自动梯作为主要垂直交通手段的多层和高层建筑中也要设置楼梯。高层建筑尽管采用电梯作为主要垂直交通工具，但仍然要保留楼梯供火灾时逃生之用。楼梯由连续梯级的梯段（又称梯跑）、平台（休息平台）和围护构件等组成。楼梯的最低和最高一级踏步间的水平投影距离为梯长，梯级的总高为梯高。

在楼梯的绘制过程中，只有清楚把握楼梯三维视图各个部位的名称，并对应到属性对话框中进行相应的数据设置才能完整的绘制正确的楼梯模型。在 Revit 中楼梯构造分为"最小踏板深度"、"踢面高度"和"楼梯前缘轮廓"等，图 9.1-1 中绿色水平标注为"最小踏板深度"，红色垂直标注为"踢面高度"，黑色圆圈标注为"楼梯前缘轮廓"。

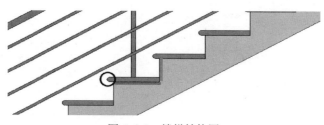

图 9.1-1 楼梯结构图

上述结构分别对应图 9.1-2 属性类型对话框的名称，在选择楼梯踏板和楼梯结构时注意配合 Tab 键来切换选择。

图 9.1-2 属性类型对话框中楼梯结构对应名称

Revit 中建立楼梯有两种方式：按构件和按草图。

按构件建立楼梯是指在建立楼梯以前，提前设定好楼梯的台阶数与台阶几何尺寸信息，然后在平面视图中沿着特定的位置放置设定好数量的楼梯。由于设定的楼梯数量有限，在绘制过程中当楼梯数量用尽后便停止绘制。这就需要用户在建立楼梯前精确计算楼梯的各尺寸信息。

按草图绘制是指在建立楼梯事先绘制楼梯的轮廓，通过绘制梯段的方式向建筑模型中添加楼梯的方法。利用此方法绘制楼梯梯段时，梯段的踏板数是基于楼板与楼梯类型属性中定义的最大踢面高度之间的距离来确定的。关于二者的具体操作过程在接下来的各小节会详细讲解。

## 9.1.2 采用按构件方式创建楼梯

【楼梯：按构件】是通过装配梯段、平台和支撑构件的方式来创建楼梯。楼梯的构件包括梯段、平台、支撑和栏杆扶手。建立方式分别为：

➤ 梯段：直梯、螺旋梯段、U 形梯段、L 形梯段和草图自定义绘制。

➤ 平台：通过拾取两个梯段，在梯段之间自动创建，或草图自定义绘制。

➤ 栏杆扶手：在创建楼梯后将自动生成，也可在删除后，拾取主体重新放置。

接下来按照楼梯的分类进行楼梯创建的讲解，Revit 中能够实现的楼梯分类有许多，包括：单跑楼梯、双跑楼梯、三跑楼梯、转角楼梯、螺旋楼梯、双分平行楼梯、剪刀梯等。

### 1. 无休息平台楼梯创建

**Step1**：选择楼梯类型

在"平面视图"上，点击【建筑】→【楼梯坡道】→【楼梯】下拉菜单→

【楼梯（按构件）】，在【属性面板】的【类型选择器】中有系统给出的楼梯类型供选择。举例：选择建筑设计中较为常用的"整体浇筑楼梯"。

Step2：修改楼梯实例属性

属性中"底部标高"和"顶部标高"及偏移量控制楼梯的底高度和顶高度，在"尺寸标注"中可以更改"踢面数量"，踢面高度无法输入，而是通过公式：踢面高度＝楼梯高度/踢面数量，进行自动计算，如图 9.1-3 中，踢面高度＝4000/25＝160。

图 9.1-3　楼梯类型属性

Step3：选项栏设置

【选项栏】中"定位线"参数有三个选项：左、中、右，分别代表梯段绘制路径的位置。"偏移量"为绘制时的偏移值。"实际梯段宽度"修改梯段宽度，"自动生成平台"默认处于"勾选"状态，代表将在两个梯段间自动生成休息平台。

Step4：栏杆扶手

在【工具】选项板上，点击【栏杆扶手】工具，在"栏杆扶手"对话框中，选择栏杆扶手类型，如果不想自动创建栏杆扶手，则选择"无"，之后根据需要添加栏杆扶手。选择栏杆扶手所在的位置，有"踏板"和"梯边梁"两个选项，默认值是"踏板"，如图 9.1-4 所示。

提示：在完成楼梯编辑部件模式之前，栏杆扶手并不显示。

Step5：创建梯段

图 9.1-4　栏杆扶手

　　在【修改 | 创建楼梯】→【构件】面板上，确认【梯段】默认处于选中状态，在【绘制】面板中选择绘制工具，默认绘制工具为【直梯】，除此外还有【全踏步螺旋】、【圆心-端点螺旋】、【L 形转角】和【U 形转角】和【草图】自定义绘制方式。举例：采用默认【直梯】绘制。

　　在平面视图内，点击楼梯起点，鼠标移动方向代表楼梯的上升方向。每移动一次鼠标会出现"创建多少个踢面，剩余多少个踢面"的提示。举例：向右侧拖动鼠标，一次性完成 25 个踢面的创建，显示"剩余 0 个"提示时，点击鼠标左键。在【模式】面板上，单击"绿色对号"完成编辑。切换至三维视图，如图9.1-5 所示。

　　其他两种旋转楼梯和转角楼梯效果如图 9.1-6 和图 9.1-7 所示。

图 9.1-5　直行单跑楼梯效果

图 9.1-6　旋转楼梯效果

图 9.1-7　转角楼梯效果

**2. 有休息平台楼梯创建**

（1）直行双跑楼梯

**Step1**：绘制前准备

在平面视图，点击【建筑】→【楼梯坡道】→【楼梯】下拉菜单→【楼梯（按构件）】，举例：设置同无休息平台楼梯。

**Step2**：创建梯段

在【构件】面板上，确认【梯段】默认处于选中状态，在【绘制】面板中选择【直梯】。绘图区域点击楼梯起点，举例：向右绘制 12 个踢面后，点击鼠标左键，此时完成前 12 个踢面的绘制。然后，鼠标向右挪动 2000，点击鼠标左键，向右继续创建 13 个梯段，剩余 0 个。代表将自动形成一个 2000 长，宽度同梯段宽度的休息平台。点击【模式】中"绿色对号"，完成编辑。切换至三维视图如图 9.1-8 所示。

图 9.1-8　直行双跑楼梯效果

（2）平行双跑楼梯

**Step1**：创建前准备

在平面视图，点击【建筑】→【楼梯坡道】→【楼梯】下拉菜单→【楼梯（按构件）】，举例：设置同无休息平台楼梯。

**Step2**：创建梯段

在【构件】面板上，确认【梯段】默认处于选中状态，在【绘制】面板中选择【直梯】。绘图区域点击楼梯起点，举例：向右绘制 12 个踢面后，点击鼠标左键，此时完成前 12 个踢面的绘制。然后，鼠标向下挪动，显示临时尺寸为 2000，点击鼠标左键，向左继续创建 13 个梯段，剩余 0 个。将自动形成一个 1000 长，宽度与两楼梯同宽的休息平台。点击【模式】中"绿色对号"，完成编辑。

点击完成时，会弹出图所示警告，代表栏杆扶手交界处过于尖锐，该提示通常会在平行双跑楼梯中出现，如图 9.1-9 所示，属于"友情提示"，暂可不必处理。点击关闭。切换至"三维视图"如图 9.1-10 所示。

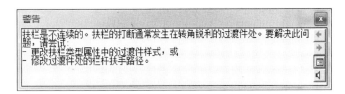

图 9.1-9　楼梯警告提示

图 9.1-10　平行双跑楼梯效果

（3）三跑楼梯

**Step1**：创建前准备

在平面视图，点击【建筑】→【楼梯坡道】→【楼梯】下拉菜单→【楼梯（按构件）】，举例：设置同无休息平台楼梯。

**Step2**：创建梯段

在【构件】面板上，确认【梯段】默认处于选中状态，在【绘制】面板中选择【直梯】。绘图区域点击楼梯起点，举例：向右绘制 8 个踢面后，点击鼠标左键，此时完成前 8 个踢面的绘制。然后，鼠标向右下挪动，显示临时尺寸为 1500，点击鼠标左键，向下继续创建 8 个梯段，剩余 9 个。此时完成中间 8 个踢面的绘制。然后，鼠标向下挪动，显示临时尺寸为 1500，点击鼠标左键，向左继续创建 9 个梯段，剩余 0 个。

将自动形成两个休息平台。点击【模式】中"绿色对号"，完成编辑。切换至"三维视图"如图 9.1-11 所示。

（4）先合后分式楼梯

**Step1**：创建前准备

在平面视图，点击【建筑】→【楼梯坡道】→【楼梯】下拉菜单→【楼梯

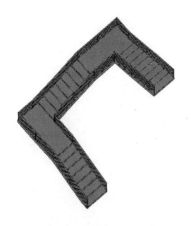 

图 9.1-11　三跑楼梯效果

（按构件）】，举例：设置同无休息平台楼梯。

Step2：创建平行双跑楼梯

举例：以上小节平行双跑楼梯为例。

Step3：编辑楼梯

在平面视图，选择该楼梯，点击【修改｜楼梯】→【编辑】→【编辑楼梯】，此时，梯段和平台可以单独被选中，通过修改临时尺寸标注或拖拽蓝色箭头等多种方式进行编辑。举例：为了实现先合后分式楼梯，将上部梯段先向上移动1000，将其宽度改为2000。

Step4：添加一个梯段

将下部梯段采用【镜像】或【复制】工具，对称复制到上方。或者点击【梯段】，新绘制一个梯段。

提示：如采用新绘制梯段后，需要修改属性中的标高与下部梯段相同，否则将无法自动连接平台。

Step5：修改平台边界

选中平台，拖拽平台上部边界与上部新添加梯段边界重合，使平台与新梯段相连接，且标高一致，如图 9.1-12 所示。

提示：平台顶标高必须与梯段标高一致，否则栏杆扶手将不连续。

点击【模式】中"绿色对号"，完成编辑。切换至"三维视图"如图 9.1-13 所示。

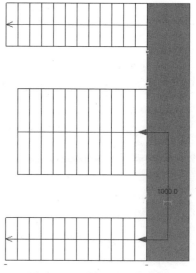

图 9.1-12　梯段和平台位置

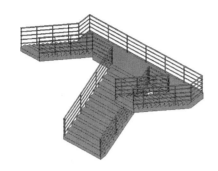

图 9.1-13　先合后分式楼梯效果

## 9.1.3　采用按草图方式创建楼梯

【楼梯：按草图】是通过楼梯梯段或绘制踢面线和边界线的方式创建楼梯的。对比"按构件"方式，"按草图"创建方式更为灵活，并且除了能够实现"按构件"创建上述楼梯的所有形式外，还能够创建比较复杂的曲线楼梯，包括踢面同样为曲线的楼梯。

**1. 常规楼梯创建**

**Step1：**选择楼梯类型

在平面视图上，点击【建筑】→【楼梯坡道】→【楼梯】下拉菜单→【楼梯（按草图）】，在【属性面板】的"类型选择器"中有系统给出的楼梯类型供选择。举例：选择建筑设计中较为常用的"整体浇筑楼梯"。

**Step2：**修改楼梯实例属性

楼梯设置同9.1.2节。举例：将"所需踢面数"改为25个。

**Step3：**创建梯段

在【修改│创建楼梯】→【绘制】面板上，确认【梯段】默认处于选中状态，在【绘制】面板中选择绘制工具，默认绘制工具为【直线】，除此外还有【圆心-端点弧】。举例：采用默认【直线】绘制。

在平面视图内，点击楼梯起点，会默认为梯段的中心。鼠标移动方向代表楼梯的上升方向。每移动一次鼠标会出现"创建多个踢面，剩余多少个踢面"的提示。举例：向右侧拖动鼠标，一次性完成26个踢面的创建，显示"剩余0个"提示时，点击鼠标左键。

**Step4：**完成编辑

在【模式】面板上，单击绿色"对号"完成编辑。切换至三维视图。

提示：选用"整体浇筑楼梯"类型时，"按草图"与"按构件"创建的区别，"按草图"创建过程中并不显示踢面，"属性面板"中输入"所需踢面数"为25个，实际建立时踢面数为26个。"按构件"创建时，显示踢面，踢面数量与输入的"所需踢面数相同"均为25个，

如图 **9.1-14** 所示。

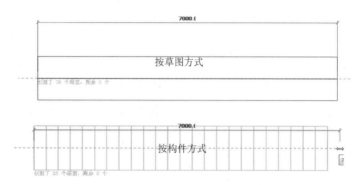

图 9.1-14　两种楼梯创建方式对比

采用类似方法，参照"按构件"创建楼梯可以完成双跑、三跑等常规形式楼梯的创建，在此不再重复举例。

**2. 特殊楼梯创建**

楼梯在特殊情况下，为了满足功能性或观赏性的需要，造型会比较特殊，如图 9.1-15 就是比较典型的特殊楼梯。该楼梯的踢面线为曲线并非常见的直线，并且每个踢面线都不一致，这就要求在创建过程中需要对每个踢面进行单独编辑和处理。

图 9.1-15　特殊楼梯

**Step1**：选择楼梯类型

在"平面视图"上，点击【建筑】→【楼梯坡道】→【楼梯】下拉菜单→【楼梯（按构件）】，在【属性面板】的【类型选择器】中有系统给出的楼梯类型供选择。举例：选择默认"190mm 最大踢面，250mm 梯段"类型楼梯。

**Step2**：修改楼梯实例属性

楼梯设置同 9.1.2 节。举例：将"所需踢面数"改为 25 个。

**Step3**：创建梯段

在【修改丨创建楼梯】→【绘制】面板上，点击【编辑】，在【绘制】面板中选择绘制工具，默认绘制工具为【直线】。举例：为了实现图中特殊楼梯，选择【起点-终点-半径弧】绘制。

**Step4**：梯段修建

在【修改】面板中，使用【修改丨延伸多个单元】工具对梯段进行修剪，修剪后如图 9.1-16 所示。

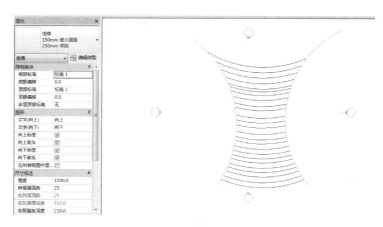

图 9.1-16　草图特殊楼梯

**Step5**：完成编辑

在【模式】面板上，单击绿色"对号"完成编辑。切换至三维视图如图 9.1-17 所示。

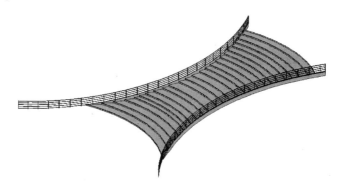

图 9.1-17　特殊楼梯三维效果

## 9.2　坡道的创建

在"无障碍"区域的设计中，坡道是必不可少的因素。在坡道斜面上，地面可以将一系列空间连接成一整体，不会出现中断的痕迹。随着现代建筑的不断发展，坡道已经成为必不可少的一部分。除了自身的实用性以外，美观性也逐渐成为人们追随的热点。

在 Revit 中提供了专门建立坡道的工具。坡道工具的使用与楼梯类似，由梯段与扶手两大部分组成，有了前面楼梯构件的建立基础可以轻松掌握坡道的建立。在本小节中主要介绍常用的两种坡道：直坡道与螺旋坡道。二者虽在外观上略有不同，但其操作实质是相同的。

## 9.2.1 直坡道的创建

**Step1**：选择坡道类型

打开平面视图或三维视图，单击【建筑】→【楼梯坡道】→【坡道】工具，进入草图绘制。在【属性面板】的【类型选择器】中系统仅给出一种坡道类型"坡道 1"。举例：选择"坡道 1"类型。

**Step2**：修改坡道类型属性

点击【编辑类型】，在类型属性中可以更改坡道类型，其中"最大斜坡长度"和"坡道最大坡度"为两个重要的属性参数。举例：将最大斜坡长度改为"3600"。

图 9.2-1 坡道类型属性

**Step3**：创建坡道

单击【修改│创建坡道草图】选项卡下【绘制面板】中的【梯段】工具，默认值工具为【直线】，绘制【梯段】。将光标放置在绘图区域中，并拖曳光标绘制坡道梯段。

**Step4**：完成编辑

在【模式】面板上，单击"绿色对号"完成编辑。切换至三维视图如图 9.2-2 所示。

图 9.2-2 直坡道三维效果

### 9.2.2　螺旋坡道的创建

**Step1**：选择坡道类型

打开平面视图或三维视图，单击【建筑】→【楼梯坡道】→【坡道】工具，进入草图绘制。在【属性面板】的【类型选择器】中系统仅给出一种坡道类型"坡道1"。举例：选择"坡道1"类型。

**Step2**：修改坡道类型属性

点击【编辑类型】，在类型属性中可以更改坡道类型，其中"最大斜坡长度"和"坡道最大坡度"为两个重要的属性参数。举例：将最大斜坡长度改为"10000"。

**Step3**：创建坡道

单击【修改│创建坡道草图】选项卡下【绘制面板】中的【梯段】工具，将默认值工具由【直线】改为【圆心-端点弧】，绘制【梯段】。将光标放置在绘图区域中，并拖曳光标绘制坡道梯段。

**Step4**：完成编辑

在【模式】面板上，单击绿色"对号"完成编辑。切换至三维视图如图9.2-3所示。

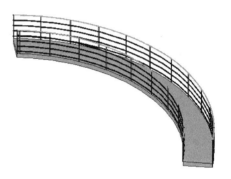

图 9.2-3　螺旋坡道三维效果

## 9.3　栏杆扶手的定义

栏杆扶手既是楼梯的重要组成部分，又是楼梯创建过程中的重要组成部分。栏杆扶手的绘制关键在于扶手的类型、扶栏的相对位置与结构、栏杆的相对位置与数量、整体扶栏的偏移等。

本节将详细介绍楼梯扶栏的建立，与楼梯梯段结构相似，首先要掌握三维视图中栏杆各构件的名称及其对应在"属性"面板中"结构编辑类型"对话框中的相应数据。如图9.3-1为楼梯扶手的三维视图模型，红色圆圈标注为"扶手类型"，红色箭头指向扶栏，箭头长度为"扶栏之间的距离"，与红色箭头平行的为栏杆与栏杆的相对位置。

图 9.3-1　楼梯栏杆的三维模型

### 9.3.1 栏杆扶手的创建

点击【楼梯坡道】→【栏杆扶手】，两种创建方式，一种是【绘制路径】，创建的栏杆扶手不依附于任何一个主体，路径可以自由绘制。另一种是【放置在主体上】，在主体（如梯段、坡道等）上自动生成栏杆扶手。

采用第一种方式【绘制路径】创建的栏杆扶手也可以通过拾取主体的方式安装到新主体上。具体如下：

**Step1**：创建栏杆扶手

点击【楼梯坡道】→【栏杆扶手】→【绘制路径】，在平面视图绘制直线栏杆扶手。

图 9.3-2　拾取新主体

**Step2**：创建楼梯并删除栏杆扶手

点击【楼梯坡道】→【楼梯】→【按构件】，建立一个直行单跑楼梯，并删除楼梯原有栏杆扶手。

**Step3**：拾取主体

要拾取扶手的主体，可单击【修改｜创建扶手路径】选项卡下【工具】面板的【拾取新主体】命令，如图 9.3-2 所示。并将光标放在主体（例如楼板或楼梯）附近，在主体上单击拾取。

### 9.3.2 编辑扶手

**Step1**：修改扶手结构

在【属性面板】中【编辑类型】对话框中，单击【扶手结构】对应的【编辑】。在【编辑扶手】对话框中，为每个扶手指定的属性有高度、偏移、轮廓和材质。要另外创建扶手，可单击【插入】。输入新扶手的名称、高度、偏移、轮廓和材质属性。单击"向上"或"向下"以调整扶手位置。完成后，单击"确定"，如图 9.3-3 所示。

**Step2**：修改扶手连接

打开扶手所在的平面视图或三维视图。选择扶手，然后单击【修改扶手】选项卡下【模式】面板的【编辑路径】，单击【修改扶手】→【编辑路径】选项卡下【工具】面板的【编辑连接】工具，沿扶手的路径移动光标，当光标沿路径移动到连接上时，此连接的周围将出现一个框。单击选择此连接，在【选项栏】上，为【扶手连接】选择一个连接方法，有"延伸扶手使其相交"、"插入垂直/水平线段"、"无连接件"等选项，如图 9.3-4 所示，单击"完成编辑模式"。

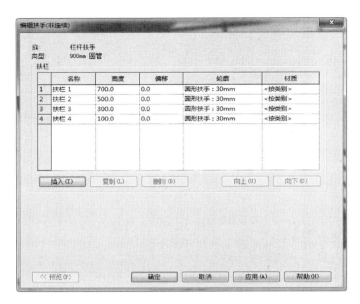

图 9.3-3　扶手结构设置

**Step3**：修改扶手高度和坡度

选择扶手，然后单击【修改 | 扶手】选项卡下【模式】面板【编辑路径】，选择扶手绘制线。在【选项栏】上，"高度校正"的默认值为"按类型"，这表示高度调整受扶手类型控制；也可选择"自定义"作为"高度校正"，在旁边的文本框中输入值。在【选项栏】的"坡度"选择中，有"按主体"、"水平"、"带坡度"三种方式，如图 9.3-5 所示。

图 9.3-4　扶手连接

图 9.3-5　坡度对话框

"按主体"、"水平"、"带坡度"三种方式的区别如下：

➤"按主体"为扶手段的坡度与其主体（例如楼梯或坡道）相同。

➤"水平"为扶手段始终呈水平状。需要进行高度校正或编辑扶手连接，从而在楼梯拐弯处连接扶手。

➤"带坡度"为扶手段呈倾斜状，以便与相邻扶手段实现不间断的连接。

绘制完成后，各扶手样式如图 9.3-6 所示。

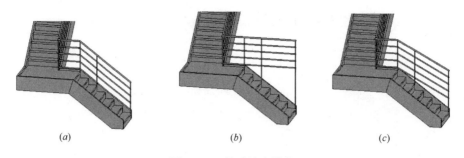

图 9.3-6　扶手坡度设置

(*a*) 按主体；(*b*) 水平；(*c*) 带坡度（高度校正 300 后）

### 9.3.3　编辑栏杆

在平面视图中，选择一个扶手。在【属性面板】上，单击【编辑类型】。在【类型属性】对话框中，单击"栏杆位置"对应的"编辑"。在弹出的"编辑栏杆位置"对话框中更改栏杆的样式，如图 9.3-7 所示。

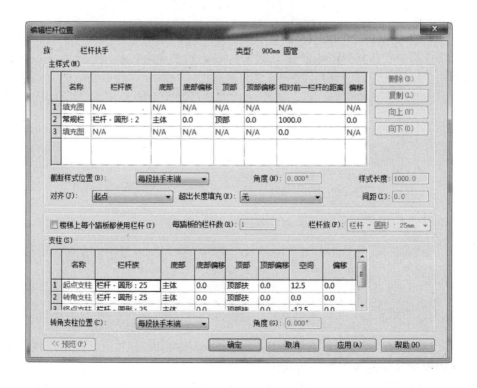

图 9.3-7　栏杆位置

上部为"主样式"区域，各参数表示的含义如下：

➤ "栏杆族"选择"无"代表显示扶手和支柱，但不显示栏杆。在列表中选择一种栏杆代表使用图纸中的现有栏杆族。

➤ "底部"指定栏杆底端的位置：扶手顶端、扶手底端或主体顶端。主体可以是楼层、楼板、楼梯或坡道。栏杆的底端与"底部"之间的垂直距离负值或正值。

➤ "顶部"同"底部"。指定栏杆顶端的位置常为"顶部栏杆图元"。

➤ "顶部偏移"栏杆的顶端与"顶部"之间的垂直距离负值或正值。

➤ "相对前一栏杆的距离"样式起点到第一个栏杆的距离，或（对于后续栏杆）相对于样式中前一栏杆。

➤ "偏移"栏杆相对于扶手绘制路径内侧或外侧的距离。

在"截断样式位置"中，各参数含义为：

➤ "截断样式位置"选项扶手段上的栏杆样式中断点执行的选项。选择"每段扶手末端"栏杆沿各扶手段长度展开。

➤ "角度大于"然后输入一个角度值，如果扶手转角等于或大于此值，则会截断样式并添加支柱。一般情况下，此值保持为 0。在扶手转位处截断，并放置支柱。

➤ "长度"栏杆分布于整个扶手长度。无论扶手有任何分离或转角，始终保持不发生截断。

在"对齐"中，各参数含义为：

➤ 指定"对齐""起点"表示该样式始自扶手段的始端。如果样式长度不是恰为扶手长度的倍数，则最后一个样式实例和扶手段末端之间则会出现多余间隙。

➤ "终点"表示该样式始自扶手段的末端。如果样式长度不是恰为扶手长度的倍数，则最后一个样式实例和扶手段始端之间则会出现多余间隙。

➤ "中心"表示第一个栏杆样式位于扶手段中心，所有多余间隙均匀分布于扶手段的始端和末端。

提示：如果选择了"起点"、"终点"或"中心"，则在"超出长度填充"栏中选择栏杆类型。

➤ "展开样式以匹配"表示沿扶手段长度方向均匀扩展样式。不会出现多余间隙，且样式的实际位置值不同于"样式长度"中指示的值。

➤ "楼梯上每个踏板都使用栏杆"，指定每个踏板的栏杆数，指定楼梯的栏杆族。

"支柱"框内的参数如下：

➤ "名称"栏杆内特定主体的名称。

➤ "栏杆族"指常起点支柱族、转角支柱族和终点支柱族。如果不希望在扶手起点、转角或终点处出现支柱，请选择"无"。

➤"底部"指定支柱底端的位置：扶手顶端、扶手底端或主体顶端。主体可以是楼层。楼板、楼梯或坡道。

➤"底部偏移"支柱底端与基面之间的垂直距离负值或正值。

➤"顶部"指定支柱顶端的位置（常为扶手）。各值与基面各值相同。

➤"顶部偏移"支柱顶端与顶之间的垂直距离负值或正值。

➤"空间"需要相对于指定位置向左或向右移动支柱的距离。

➤"偏移"栏杆相对于扶手路径内侧或外侧的距离。

➤"转角支柱位置"选项（参见"截断样式位置"选项）指定扶手段上转角支柱的位置。

➤"角度"此值指定添加支柱的角度。如果"转角支柱位置"的选择值是"角度大于"，则使用此属性。

## 9.4 实战训练—学生浴池项目楼梯和坡道的创建

### 9.4.1 建模思路

【建筑】选项卡→【楼梯坡道】面板→"楼梯"命令和"坡道"命令→编辑类型→选择绘制方式→完成创建和绘制。

### 9.4.2 学生浴池楼梯的创建

本节以"学生浴池"建筑图纸中室外楼梯为例进行讲解。

**Step1**：单击【建筑】选项卡→【楼梯坡道】面板→"楼梯"命令，并选择"按构件"的绘制方式。

**Step2**：在左侧的【属性】栏中选择"整体浇筑楼梯"类型作为复制的类型。单击"编辑类型"，弹出"编辑类型"对话框，单击"复制（D）…"，弹出"名称"对话框，输入新名称"浴池外部楼梯"，单击"确定"完成新建。如图 9.4-1 所示。

图 9.4-1 名称对话框

**Step3**：单击"类型参数"下的编辑按钮，根据图纸中的相关参数，对该楼梯进行创建，创建完成后如图 9.4-2 所示。

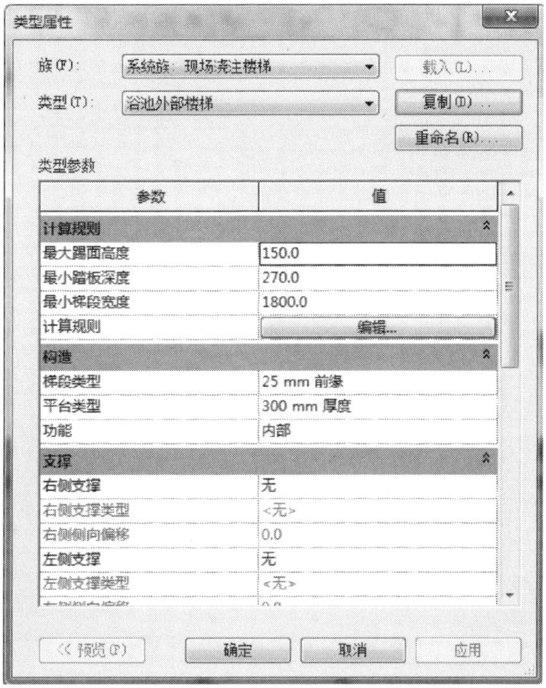

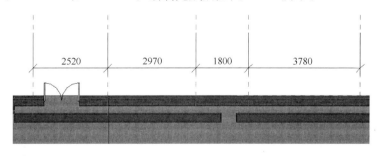

图 9.4-2　"楼梯"类型属性

**Step4**：作参照平面，定义楼梯的起始位置。执行"参照平面"（RP）命令，根据图纸，在 4 轴位置向左侧偏移 1100mm＋1100mm＋350mm＋1350mm 距离。共计 4000mm 距离，选择参照平面的绘制方式为"拾取线"，在"选项栏"上的"偏移量"对应输入 3900，单击 4 轴，即可完成参照平面的绘制。

**Step5**：根据 Step4 的步骤，继续向前绘制参照平面，分别为 3780mm、1800mm、2970mm 和 2520mm。绘制完成后如图 9.4-3 所示。

图 9.4-3　创建参照平面

**Step6**：返回到绘图区域，同样选择刚才创建的"浴池外部楼梯"的楼梯，在左侧的【属性】栏中对该楼梯进行设置，设置完成后如图 9.4-4 所示。

图 9.4-4　"楼梯"属性

**Step7**：在"功能区"上选择"梯段→直梯"的绘制方式。在"选项栏"中设置定位线为"梯段左"，实际梯段宽度为 1800，勾选"自动生成平台"，如图 9.4-5 所示。

图 9.4-5　楼梯选项栏

**Step8**：鼠标左键捕捉到参照平面的第一点，向左侧进行绘制，绘制到第二条参照平面，如图 9.4-6 所示。

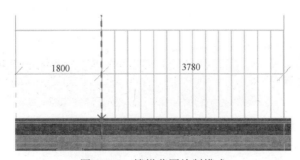

图 9.4-6　楼梯草图绘制模式

**Step9**：越过第二条辅助线，继续绘制剩下的楼梯梯段，休息平台将自动生成，如图 9.4-7 所示。

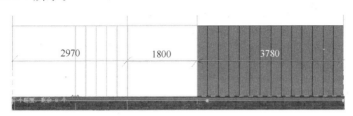

图 9.4-7　楼梯草图绘制模式

**Step10**：绘制完后，不难发现，楼梯中缺少一个休息平台，那么这时需要手动进行添加。

**Step11**：在"功能区"上选择"平台→创建草图"的绘制方式，在选择"边界"命令中的矩形，在绘图区域找到矩形的起点，再找到对角点，即可完成绘制，绘制完成成如图 9.4-8 所示。

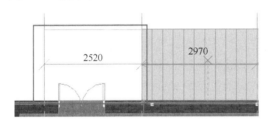

图 9.4-8　创建休息平台

**Step12**：单击"模式"面板中的"绿色对号"，再单击"绿色对号"即可完成楼梯的创建。

**Step13**：切换到"三维视图"，即可查看刚才所绘制的楼梯三维。如图 9.4-9 所示。

在三维中不难发现，楼梯靠墙一侧有多余的栏杆扶手，这时需要把内侧的栏杆扶手删除掉。

**Step14**：鼠标左键双击选择"栏杆扶手"，切换到"修改｜绘制路径"上下文选项卡，在楼梯的下方会显示"栏杆扶手"草图。选择要删除的线段，单击"模式"面板中的"绿色对号"，即可完成修改的栏杆扶手，如图 9.4-10 所示。

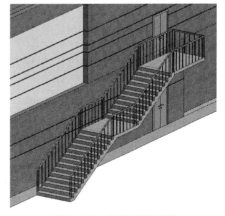

图 9.4-9　室外楼梯三维

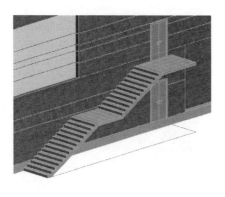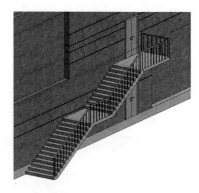

图 9.4-10　修改栏杆后的三维视图

**Step15**：建筑物内部的楼梯采用相同的方法进行创建，在这里不再赘述。

### 9.4.3　创建坡道

"学生浴池"建筑图纸中室外包含一个残疾人坡道，本节以此"残疾人坡道"为例进行讲解。

**Step1**：单击【建筑】选项卡→【楼梯坡道】面板→"坡道"命令。

**Step2**：在左侧的【属性】栏中选择"坡道 1"类型作为复制的类型。单击"编辑类型"，弹出"编辑类型"对话框，单击"复制（D）…"，弹出"名称"对话框，输入新名称"浴池外部坡道"，单击"确定"完成新建。如图 9.4-11所示。

图 9.4-11　名称对话框

**Step3**：单击"类型参数"下的编辑按钮，根据图纸中的相关参数，对该坡道进行创建，创建完成后如图 9.4-12 所示。

**Step4**：单击"确定"按钮，即可完成坡道的创建。

**Step5**：根据图纸中的尺寸，先对坡道的位置进行定位。在 2/B 轴的上方做200mm 的参照平面，再根据 2/B 轴的上方做 4900mm 的参照平面。绘制完成后如图 9.4-13 所示。

**Step6**：在"属性"栏中对坡道的相关参数进行修改。修改完成后，如图9.4-14 所示。

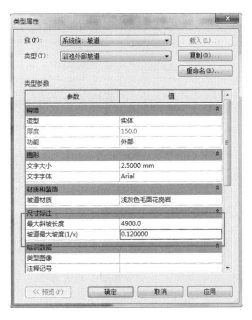

图 9.4-12　"坡道"类型属性对话框

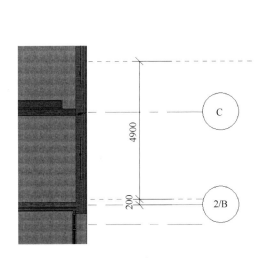

图 9.4-13　参照平面

图 9.4-14　"坡道"属性

**Step7**：返回到绘图区域，对"坡道"进行创建。找到坡道的起始点（第二条参照线）单击鼠标左键，向下进行拖动，到达第一条参照平面的位置，即可完成坡道的绘制，绘制完成后如图 9.4-15 所示。

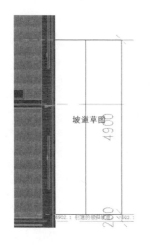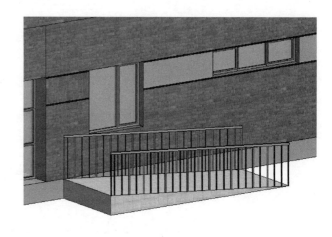

图 9.4-15　坡道平面和三维示意图

## 9.4.4　用楼板创建台阶

"学生浴池"建筑图纸中室外包含一个台阶，本节以该台阶为例，进行台阶创建方法的讲解。

**Step1**：单击【建筑】选项卡→【构建】面板→"楼板"命令，并选择"楼板：建筑"即可。

**Step2**：在左侧的【属性】栏中选择"楼板：常规 150mm"类型作为复制的类型。单击"编辑类型"，弹出"编辑类型"对话框，单击"复制（D）…"，弹出"名称"对话框，输入新名称"浴池外部台阶"，单击"确定"完成新建。如图 9.4-16 所示。

图 9.4-16　名称对话框

**Step3**：单击"结构"后的编辑，对此结构进行修改，修改完成后如图 9.4-17 所示。

**Step4**：单击"确定"完成创建。在左侧的"属性栏"中更改相应的参数，修改完成后如图 9.4-18 所示。

图 9.4-17　编辑部件对话框

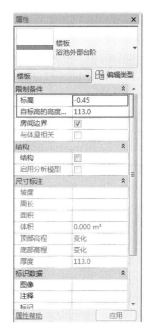

图 9.4-18　属性栏对话框

**Step5**：绘制参照平面。根据图纸的相关尺寸，进行绘制参照平面。选择参照平面命令或执行快捷键（RP），沿着 A 轴和 1 轴分别向下绘制 3700mm 的参照平面，再分别沿着 3700mm 的这条参照平面向上部复制 3 个距离为 350mm 的参照平面；选择 2/B 轴向下绘制 200mm 距离的参照平面，绘制完成后如图 9.4-19 所示。

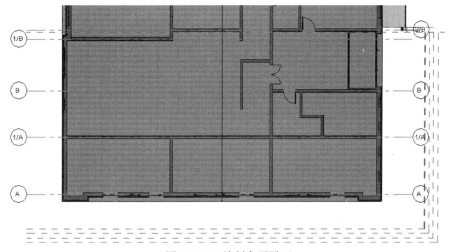

图 9.4-19　绘制参照平面

**Step6**：在选择定义"浴池外部台阶"，返回到绘图区域进行绘制。

**Step7**：选择"绘制"面板中"边界线"的直线作为绘制方式，沿着做好的辅助线进行绘制，如图 9.4-20 所示。

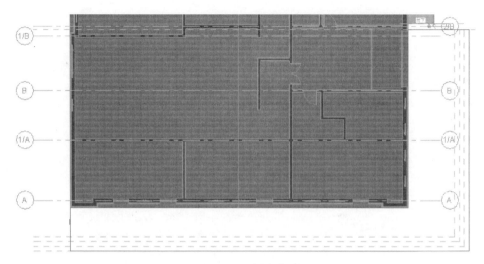

图 9.4-20　创建草图

**Step8**：采用相同的方法，继续进行创建。创建完成后如图 9.4-21 所示。

提示：所有台阶的底标高均为"－**0.45** 标高"，且每块楼板"自标高的高度偏移"须增加 **113mm**，即楼板的厚度；每次只能创建一块，四块不能同时创建；每次创建时需复制出新的类型才可以进行创建（否则同属于一个类型，其他的楼板进行联动）。

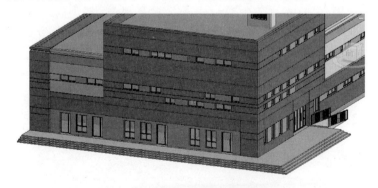

图 9.4-21　台阶三维图

## 9.4.5　用楼板创建散水

"学生浴池"建筑图纸中室外包含散水，本节以此散水为例，对散水的创建方法进行讲解。

**Step1**：单击【建筑】选项卡→【构建】面板→"楼板"命令，并选择"楼板：建筑"即可。

图 9.4-22 名称对话框

**Step2**：在左侧的【属性】栏中选择"楼板：常规 150mm"类型作为复制的类型。

**Step3**：单击"编辑类型"，弹出"编辑类型"对话框，单击"复制（D）…"，弹出"名称"对话框，输入新名称"浴池外部散水"，单击"确定"完成新建。如图 9.4-22 所示。

**Step4**：单击"结构"后的编辑，对此结构进行修改，修改完成后如图 9.4-23 所示。

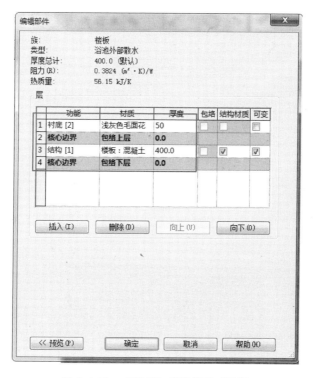

图 9.4-23 "楼板"编辑部件对话框

**Step5**：单击"确定"按钮，完成散水的创建。

**Step6**：绘制参照平面。根据图纸的相关尺寸，进行绘制参照平面。选择参照平面命令或执行快捷键（RP），沿着 1 轴、4 轴和 E 轴分别向外侧绘制 1000mm 的参照平面。

**Step7**：在选择定义"浴池外部散水"，且散水"属性栏"中底标高为 -0.45。返回到绘图区域进行绘制。

**Step8**：选择"绘制"面板中"边界线"的直线作为绘制方式，沿着做好的辅助线进行绘制。

**提示：用楼板绘制散水，草图线必须保证是闭合且不重合的线。**

**Step9**：绘制完成后，如图 9.4-24 所示。

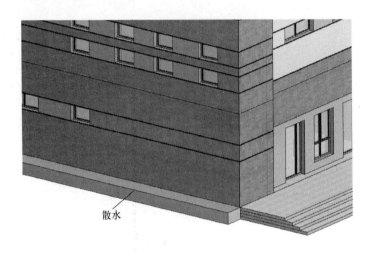

散水

图 9.4-24　散水完成

绘制完成后的散水实例与实际的散水存在差距，这时需要对散水进行再次编辑。

**Step10**：单击选中"散水"，软件自动切换到"修改│楼板"上下文选项卡，在"形状编辑"面板中选择"修改子图元"命令，散水外框将变成绿色，如图 9.4-25 所示。

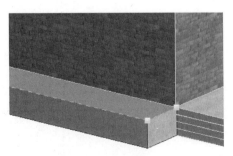

图 9.4-25　修改子图元

**Step11**：鼠标单击"绿色框"弹出修改高程点的数值，如图 9.4-26 所示，输入 -350 即可，绘制完成后，如图 9.4-27 所示。

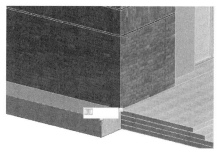

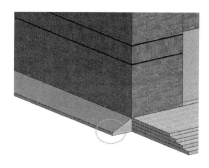

图 9.4-26　修改高程点　　　　　　图 9.4-27　修改完成后"散水"

**Step12**：其他位置的散水与讲解的散水绘制方法相同，在此不赘述。

**Step13**：将项目另存为"楼梯散水完成"。

# 第 10 章　场地、渲染和漫游

【导读】

本章主要对场地的相关设置、地形表面、地形构件的创建与编辑的基本方法进行讲解。

第 1 节讲解了场地的创建，设置场地属性、创建地形表面、创建子面域、建筑地坪和放置场地构件。

第 2 节讲解了设置相机、渲染与漫游的基本应用。

第 3 节通过学生浴池项目，讲解了实际工程中场地的创建以及渲染和漫游的使用。

## 10.1　场地

使用 Revit 提供的场地构件，可以为项目创建场地红线、场地三维模型、建筑地坪等场地构件，完成现场场地设计。还可以在场地中添加人物、植物以及停车场、篮球场等场地构件，丰富整个场地的表现。在 Revit 中场地创建使用的是地形表面功能，地形表面在三维视图中显示仅是地形，需要勾选上剖面框之后进行剖切才显示地形厚度。地形的创建有三种方式：

第一种是直接放置高程点，按照高程连接各个点形成表面。

第二种是导入等高线数据来创建地形，支持的格式有 dwg、dxf 或 dgn 文件，其中文件需要包含三维数据并且等高线 z 方向值正确。

第三种是导入土木工程应用程序中的点文件，包含 x、y、z 坐标值的 csv 或者 txt 文件。

### 10.1.1　设置场地

单击"体量和场地"选项卡下"场地建模"面板中的 ⬛ 按钮，弹出"场地设置"对话框，在其中设置等高线间隔值、经过高程、添加自定义等高线、剖面填充样式、基础土层高程、角度显示等参数，如图 10.1-1 所示。

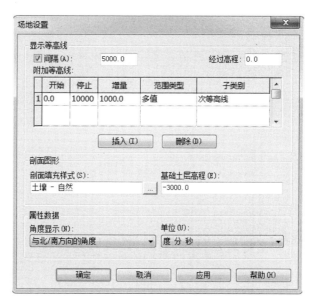

图 10.1-1 场地设置

## 10.1.2 地形表面

地形表面是建筑场地地形或地块的图形表示。默认情况下，楼层平面视图不显示地形表面，可以在三维视图或在专用的"场地"视图中进行创建。

**Step1**：单击打开"场地"平面视图，选择"体量和场地"选项卡，"场地建模"面板上"地形表面"命令，进入地形表面的绘制模式。

**Step2**：单击"工具"面板下"放置点"命令，在选项栏中输入高程值，在视图中单击鼠标放置点，修改高程值，放置其他点，连续放置则生成等高线。

**Step3**：单击地形"属性"框设置材质，完成地形表面的设置。如图 10.1-2 所示。

图 10.1-2 更改地形表面材质

## 10.1.3 子面域和建筑地坪

"子面域"工具是在现有地形表面基础上进行绘制的，不会剪切现有的地形表面。例如，可以使用"子面域"在地形表面绘制道路或绘制停车场区域。"子面域"工具和"建筑地坪"不同，"建筑地坪"工具会创建出单独的水平表面，可以剪切地形，而创建子面域不会生成单独的地平面，而是在地形表面上圈定了某块可以定义不同属性（例如材质）的表面区域。

**Step1**：子面域。单击"体量和场地"选项卡→"场地建模"面板→"子面域"命令，进入绘制模式。用"线"绘制工具，绘制子面域边界轮廓线。

单击子面域"属性"中的"材质"，设置子面域材质，完成子面域的绘制。

**Step2**：建筑地坪。单机"体量与场地"选项卡→"场地建模"面板→"建筑地坪"命令，进入绘制模式。用"线"绘制工具，绘制建筑地坪边界轮廓线。

在建筑地坪"属性"框中，设置该地坪的标高以及偏移值，在"类型属性"中设置建筑地坪的材质。

**提示**：退出"建筑地坪"的编辑模式后，要选中建筑地坪才能再次进入编辑边界，常常会选中地形表面而认为选中了建筑地坪。

## 10.1.4 编辑地形表面

**Step1**：选中绘制好的地形表面，单击"修改 | 地形"上下文选项卡→"表面"面板→"编辑表面"命令，在弹出的"修改 | 编辑表面"上下文选项卡的"工具"面板中，如图 10.1-3 所示，可通过"放置点""通过导入创建"以及"简化表面"三种方式修改地形表面高程点。

图 10.1-3 地形表面放置方式

（1）放置点：增加高程点的放置。

（2）通过导入创建：通过导入外部文件创建地形表面。

（3）简化表面：减少地形表面中的点数。

**Step2**：修改场地

打开"场地"平面视图或三维视图，在"体量与场地"选项卡的"修改场地"面板中，包含多个对场地修改的命令。

（1）拆分表面：单击"体量与场地"选项卡→"修改场地"面板→"拆分表面"命令，选择要拆分的地形表面进入绘制模式。用"线"绘制工具，绘制表面边界轮廓线。在表面"属性"框的"材质"中设置新表面材质，完成绘制。

（2）合并表面："体量和场地"选项卡"修改场地"面板下"合并表面"命令，勾选"选项栏"。 ☑删除公共边上的点 选择要合并的主表面，再选择次表面，两个表面合二为一。

**温馨提示**：合并后的表面材质，同先前选择的主表面相同。

（3）建筑红线：创建建筑红线可通过两种方式，如图 10.1-4 所示。

方法一：单击"体量与场地"选项卡→"修改场地"面板→"建筑红线"命令，选择"通过绘制来创建"进入绘制模式。用"线"绘制工具，绘制封闭的建筑红线轮廓线，完成绘制。

方法二：单击"体量与场地"选项卡→"修改场地"面板→"建筑红线"命令，选择"通过方向和距离创建建筑红线"，如图 10.1-5 所示。

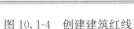

图 10.1-4 创建建筑红线　　　　图 10.1-5 创建建筑红线

单击"插入"添加测量数据，并设置直线，弧线边界的距离、方向、半径等参数。调整顺序，如果边界没有闭合，点击"添加线以封闭"。确定后，选择红线移动到所需位置。

提示：可以利用"明细表/数量"命令创建建筑红线和建筑红线线段明细表。

## 10.1.5　放置场地构件

**Step1**：进入到"场地"平面视图后，单击"体量与场地"选项卡→"场地建模"面板→"场地构建"命令，从下拉列表中选择所需的构件，例如数目、RPC 人物等，单击鼠标放置构件。

**Step2**：打开"场地"平面，单击"体量与场地"选项卡"场地建模"面板下"停车场构件"命令。从下拉列表中选择所需不同类型的停车场构件。单击鼠标放置构件。可以复制、整列命令放置多个停车场构件。选择所有停车场构件，单击"主体"面板下的"设置主体"命令，选择地形表面。停车场构件将附着到表面上。

**Step3**：如列表中没有需要的构件，则需从族库中载入。

## 10.2　渲染与漫游

渲染和漫游是通过视图展现模型真实的材质和纹理，可以创建效果图和漫游动画，全方位展示建筑师的创意和设计成果。因此，在一个软件环境中，即可完成从施工图设计到可视化设计的所有工作，改善了以往在几个软件中操作所带来的重复劳动、数据流失等弊端，提高了设计效率。

在 Revit 中可生成三维视图，也可导出模型到 3DS Max 软件中进行渲染。包括材质设置，创建室内外相机视图，室内外渲染场景设置及渲染，以及项目漫游的创建与编辑方法。

### 10.2.1　设置构件材质

在渲染之前，需要先给构件设置材质。材质用于定义建筑模型中图元的外观，Revit 软件提供了许多可以直接使用的材质，也可以自己创建材质。

**Step1：**新建材质

单击"管理"选项卡→"设置"面板→"材质"命令，打开"材质浏览器"对话框，如图 10.2-1 所示。单击右下方的"打开/关闭材质编辑器"按钮。在"材质编辑器"对话框中，可以选择所需要的材质，单击确定即可完成材质的赋予。

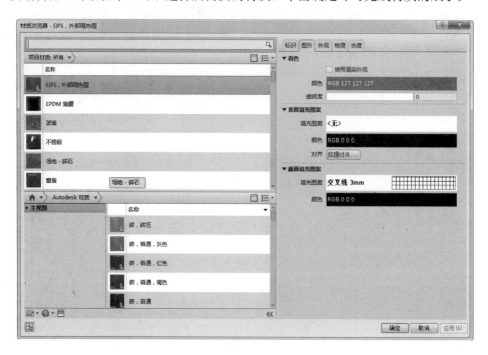

图 10.2-1　材质浏览器对话框

**提示：不勾选"使用渲染外观"表示该颜色与渲染后的颜色无关，只表现着色状态下构件的颜色。**

**Step2：**单击"材质编辑器"中的"表面填充图案"下的"填充图案"，弹出"填充样式"对话框，如图 10.2-2 所示。在下方"填充图案类型"中选择"模型"，在填充图案样式列表中选择相应的填充样式，单击"确定"回到"材质编辑器"对话框。

图 10.2-2　填充样式对话框

提示："表面填充图案"指在 Revit 绘图空间中模型的表面填充样式，在三维视图和各立面都可以显示，但与渲染无关。

**Step3**：单击"截面填充图案"下的"填充图案"，同样弹出"填充样式"对话框，单击左下角"无填充图案"，关闭"填充样式"对话框。

提示："截面填充图案"指构件在剖面图中被剖切到时，显示的截面填充图案。

## 10.2.2　设置相机

**Step1**：创建相机视图

在完成对构件赋予材质之后，渲染之前，一般需先创建相机透视图，生成渲染场景。

在"项目浏览器"双击楼层标高任意一个平面，单击"视图"选项卡→"三维视图"下拉菜单→选择"相机"命令，勾选选项栏的"透视图"选项，如果取消勾选则创建的相机视图为没有透视的正交三维视图，偏移量 1750，表示创建的相机视图是从相机位置从当前楼层高处偏移 1750mm 拍摄的，如图 10.2-3 所示。

图 10.2-3　创建相机选项栏

**Step2**：移动光标至绘图区域视图中，单击放置相机。将光标向上移动，超过建筑最上端，单击放置相机视点，如图 10.2-4 所示。此时一张新创建的三维视图自动弹出，在项目浏览器"三维视图"项下，增加了相机视图"三维视图 1"。

**Step3**：在"视图控制栏"将"视觉样式"替换显示为"着色"，选中三维视

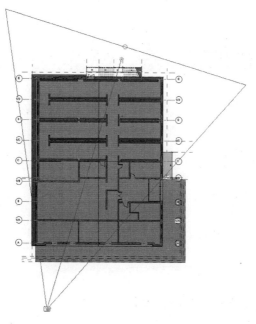

图 10.2-4  创建透视图

图的视口，视口各边会出现四个蓝色控制点，选择控制点，单击并按住向上拖拽，移动到任意超过视图范围后，松开鼠标左键，使视口足够显示整个模型时放开鼠标左键，如图 10.2-5 所示。

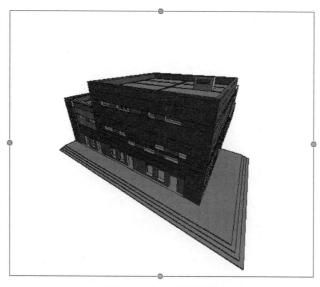

图 10.2-5  三维视图

## 10.2.3　渲染

Revit 软件的渲染设置非常容易操作，只需要设置真实的地点、日期、时间和灯光即可渲染三维及相机透视图。单击视图控制栏中的"显示渲染对话框"命令，弹出"渲染"对话框，如图 10.2-6 所示。

按照"渲染"对话框设置渲染样式，单击"渲染"按钮，开始渲染并弹出"渲染进度"工具条，显示渲染进度，如图 10.2-7 所示。

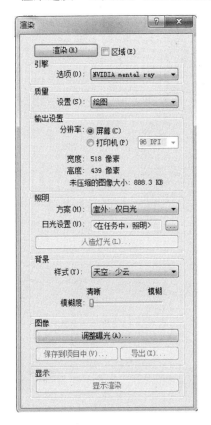

图 10.2-6　显示渲染对话框

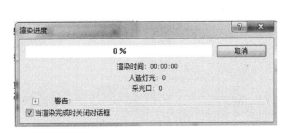

图 10.2-7　显示渲染进度条

**提示：渲染过程中，可按"取消"或 Esc 键取消渲染。**

## 10.2.4　漫游

上节已讲述相机的使用，通过设置各个相机路径，即可创建漫游动画，动态查看展示项目设计。

**Step1：创建漫游**

在项目浏览器中双击任意视图名称，进入某层的平面视图。单击"视图"选项卡→"三维视图"下拉菜单→选择"漫游"命令。在选项栏处相机的默认"偏移量"为 1750，也可自行修改。

光标每单击一个点，即创建一个关键帧，沿当前建筑物周围放置关键帧，通过鼠标左键进行放置，如图 10.2-8 所示。

完成路径后，项目浏览器中出现"漫游"项，可以看到刚刚创建的漫游名称是"漫游 1"，双击"漫游 1"打开漫游视图。

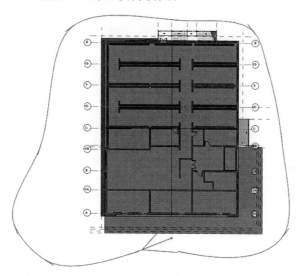

图 10.2-8  放置漫游关键帧

**Step2**：编辑漫游

在完成漫游路径的绘制后，可在"漫游 1"视图中选择外边框，从而选中绘制的漫游路径，在弹出的"修改｜相机"上下文选项卡中，单击"漫游"面板中的"编辑漫游"命令。

在"选项栏"中的"控制"可选择"活动相机"、"路径"、"添加关键帧"和"删除关键帧"四个选项。如图 10.2-9 所示。

图 10.2-9  放置相机选项栏

选择"活动相机"后，则平面视图中出现由多个关键帧围成的红色相机路径，对相机所在的各个关键帧的位置，可调节相机的可视范围，完成一个位置的设置后，单击"编辑漫游"上下文选项卡→"漫游"面板→"下一关键帧"命令，如图 10.2-10 所示。设置各关键帧的相机视角，使每帧的实现方向和关键帧位置合适，实现完美的漫游，如图 10.2-11 所示。

编辑完成后可按选项栏的"播放"键，播放刚刚完成的漫游。

图 10.2-10 编辑漫游命令

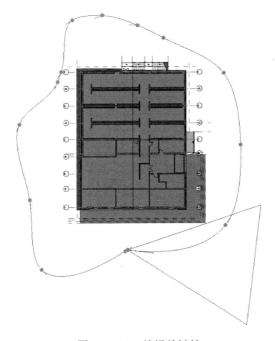

图 10.2-11 编辑关键帧

## 10.3 实战训练—学生浴池项目渲染和漫游

### 10.3.1 建模思路

【体量和场地】选项卡→【场地建模】面板→"地形表面"命令→完成创建和绘制。

### 10.3.2 创建建筑地坪

**Step1**：单击【体量和场地】选项卡→【场地建模】面板→"地形表面"命令，并选择"放置点"的绘制方式。

**Step2**：在"项目浏览器"上选择"场地"平面，通过鼠标左键单击的方式进行放置，放置后，如图 10.3-1 所示。

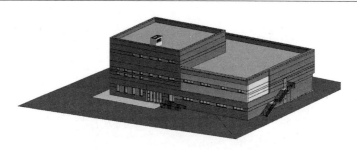

图 10.3-1 放置地形表面示意图

### 10.3.3 创建相机视图并渲染

**Step1**：单击【视图】选项卡→【创建】面板→"三维视图"命令，并选择"相机"，单击鼠标左键进行放置相机，通过拖动鼠标捕捉相机拍照的范围，完成拍照命令。

**Step2**：拍照结束后，在"项目浏览器"中显示"三维视图1"，绘图区域显示拍照后的视图，将视图切换成"真实"模式，调整外部拖拽按钮，找到相应的三维视图，进行渲染即可。

### 10.3.4 创建漫游

**Step1**：在"项目浏览器"上选择任意楼层平面，单击【视图】选项卡→【创建】面板→"三维视图"命令下的"漫游"。通过鼠标左键单击的方式进行放置漫游关键帧，放置后，即完成漫游的放置。

**Step2**：在"项目浏览器"展开"漫游"，选择"漫游1"，将"漫游1"的动画进行导出。

**Step3**：单击"应用程序菜单"按钮，选择导出命令下的"图形和动画"→"漫游"，设置输出漫游的格式，单击"确定"即可导出相应的视频文件，如图10.3-2所示。

图 10.3-2 设置漫游输出

# 第11章　族构件建立及其参数化

【导读】

　　本章主要对族的基本概念、构建集的创建、参数化模型和概念体量模型进行讲解。

　　第1节讲解了族的基本概念，包括族的分类、类别、类型和参数化等。

　　第2节讲解了构建集的创建方法。

　　第3节和第4节对体量模型的创建和运用进行了讲解。

## 11.1　族的基本概念

### 11.1.1　族的分类

　　"族"是组成项目的基本单元，是参数信息的载体。在 Revit 中族分为三类：可载入族、系统族和内建族。

　　➤ 可载入族为使用族样板创建于项目之外的文件，其特性为可以载入到任何需要的项目中，并且属性可定义，可参数化。

　　➤ 系统族为项目中预定义的且仅能在项目中进行创建、修改的族类型，其特性为不能作为外部文件导入到别的项目中，但可在项目及样板间复制、粘贴，例如在新建项目文件后，"墙"选项类型中的"基本墙"是系统族，可以通过复制和修改为不同的墙类型。

　　➤ 内建族为在当前项目中创建的族，其特性为只能储存于当前项目中，不能单独存成 rfa 文件，不能应用于其他项目文件中。

　　在族构件中还有一类特殊的"族"，在 Revit 中称为体量模型，后缀名同为.rfa。其特性为，既能满足构件截面参数化要求，又能满足类似桥梁结构可能出现的复杂线性（如拱轴线、道路设计线性）的参数化要求。可以理解为体量族是 Revit 为了建立满足复杂结构的构件而设定的功能，在后面会详细说明体量模型的建立。

### 11.1.2　族类别与族参数

（1）族类别

运行 Revit 软件，在界面中单击【族】→【新建构建集】，在弹出的选择族样板栏中，选择"公制常规模型.rft"族样板，点击确定后进入以"公制常规模型"为样板文件的族创建界面。

单击功能区中的"族类型和族参数"按钮，打开后出现"族类型和族参数"对话框，如图 11.1-1 所示，族类别用以显示和选择族的类别，类别中加深显示的即为当前族类别，默认族类别与所采用的样板文件有关。如采用"常规模型"样板创建的族，在类别中则显示为"常规模型"族类别。

图 11.1-1　族参数类型对话框

（2）族参数

不同的族类别对应不同的族参数。常规模型族是通用族，无任何特定族的特性，仅有形体特性，具体参数如下：

➢ 基于工作平面：创建的族只能放在某个工作平面或是实体表面。

➢ 总是垂直：族是相对于水平面垂直的，若不选择相对于某一工作平面垂直。

➤ 加载时剪切的空心：保证加载到项目文件时会附带可剪切的空心信息，若不选择载入到项目中时会过滤掉空心信息，仅保留实体模型。

➤ 可将钢筋附着到主体：顾名思义，运用该选项把族载入到结构项目中，剖切该族便可以在剖面上自由添加钢筋。

➤ 部件类型：选择族类别时，系统可自动匹配对应的部件类型，一般无须修改。

➤ 共享：此选项使得当该族作为套嵌族载入到另一个主体中，该主体族也可在项目中被单独调用，达到共享目标。

### 11.1.3 族类型和参数

族类型及参数设置完成以后，单击功能区的"族类型"按钮，对族类型和参数进行设置，如图 11.1-2 和图 11.1-3 所示，本节将对族类型对话框进行介绍。

图 11.1-2 新建族类型

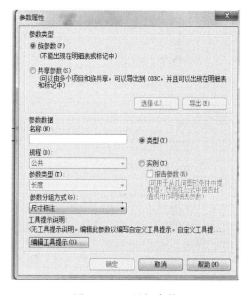

图 11.1-3 添加参数

（1）新建族类型

在"族类型"对话框右上角单击"新建"按钮可添加新的族类型，对已有族类型还可以进行"重命名"和"删除"操作。

（2）添加参数

可通过"添加参数"对话框如下图，添加需要的参数，此选项主要用于族的参数化设置。参数属性对话框中各参数内容和特点如表 11.1-1 所示。

参数基本知识　　　　　　　　　　　　　　表 11.1-1

| 名称 | 内容 | 特点 |
|---|---|---|
| 参数类型 | 族参数 | 载入文件后，不可出现在明细表或标记中 |
| | 共享参数 | 可以由多个项目和族共享，可出现在明细表和标记中，若使用，将在一个 txt 文档中记录参数 |
| | 特殊参数 | 族样板自带参数，用户不能自行创建、修改、删除其参数名，可以出现在项目明细表中 |
| 参数数据 | 名称 | 根据用户需要自行定义，但同族内参数名称不能相同 |
| | 规程 | 不同"规程"对应不同"参数类型"，可按"规程"分组设置项目单位格式 |
| | 参数类型 | 不同参数类型有不同特点及单位 |
| | 参数分组方式 | 定义参数组别，可使参数在"族类型"对话框中按组分类显示，方便用户查找参数 |
| | 类型/实例 | 用户可根据使用习惯选择"参数类型"或"实例参数" |

## 11.1.4　类型目录

创建族类型的两种方法：

（1）在族编辑器的"族类型"对话框中新建族类型。

（2）使用"类型目录"文件：通过将族类型的信息以规定格式记录在一个 txt 文件里，创建一个"类型目录"文件。

➢ 创建类型目录文件

使用文本编辑器编辑，或者使用数据库或者电子表格软件自动处理。一般在 Excel 表格中编辑，保存为 csv 文件后，再将文件拓展名"csv"改为"txt"。

➢ 在项目文件中用类型目录载入族

在项目文件中载入族的方法，在项目文件中单击【插入】选项卡选择【载入族】选择相应的族载入即可，或者在族构件完成后直接点击"载入项目"便可到项目中。

在第 6 章讲解安装门窗构件时，多次用到图元"属性"面板和"类型属性"对话框调节构件实例参数和类型参数，例如窗户的宽度、高度、底高度等。Revit 允许用户在族中定义任何需要的参数，可以在定义族参数时选择"实例参数"或"类型参数"，实例参数将出现在"图元属性"对话框中，类型参数将出现在"类型属性"对话框中。

定义族时所采用的族样板中会提供该类型对象默认族参数，在统计明细表时这些族参数可作为统计字段使用。在族中根据需要定义的族参数可以出现在"属性"面板或类型属性对话框中但不能出现在明细表的统计字段中，如果要把自己定义的参数用到明细表的统计字段中必须使用共享参数。

## 11.1.5　族构件的参数化

把族构件理解为拼装成模型的"积木"，每一个不同的族类型就是一种不同的"积木"，通过相互拼装而成。这里会有这样一个问题，每一种"积木"应用到不同项目中时会需要不同的尺寸，如每应用一次便建立一次族构件就会异常繁琐，也丧失了 BIM 高效、协同的原则。Revit 的参数化功能是解决这一问题的最好途径。

族的参数化是指在所创建的构件模型的关键控制途径赋予参数化，做到改变参数数值时构件模型的实际尺寸也自动得到相应的改变。在参数化中可以简要分为两类，一类是直接对要控制的边界赋予参数，常用在相对简单的构件模型中；另一类是通过公式与其余边界相联系来控制目标边界，常用在相对复杂或有内嵌族的构件模型中。

## 11.2　构建集的创建

运行 Revit 软件，在界面中单击【族】→【新建构建集】，选择"公制常规模型 .rft"族样板。在族模型的编辑器中，可以创建两种形式的模型：实心和空心。空心形式并非独立存在，而是用于从实体模型中抠减空心的形式。Revit 分别为实心建模和空心建模提供了 5 种不同的建模方式，分别为拉伸、融合、旋转、放样和融合放样，下面将分别对这 5 种建模方式进行介绍。

### 1. 拉伸
首先绘制拉伸轮廓草图，然后给定拉伸的高度后生成模型。点击【拉伸】按钮，绘制矩形轮廓 1900mm×3400mm，给定拉伸起点和拉伸终点，见图 11.2-1。点击确定得到三维立方体模型，见图 11.2-2。

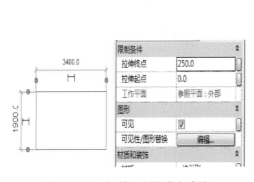

图 11.2-1　拉伸绘制轮廓与高度

图 11.2-2　拉伸结果

#### 2. 融合

首先绘制顶部和底部的形状（二者形状可以不同），然后指定二者之间的距离即可在两个不同截面之间融合成形状。点击【融合】按钮，默认为绘制底面轮廓，绘制矩形轮廓，点击"顶面"按钮，切换至顶面轮廓绘制视图，绘制圆形，给定拉伸第一端点和第二端点数值，见图 11.2-3。点击确定得到三维模型，见图 11.2-4。

  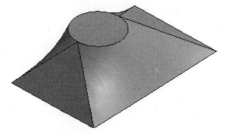

图 11.2-3　融合草图绘制　　　　　　　　　　图 11.2-4　融合结果

#### 3. 旋转

首先绘制闭合轮廓，然后绕旋转轴旋转指定角度后生成模型。点击【旋转】按钮，绘制旋转轮廓，如图 11.2-5 所示，然后点击【轴线】，绘制旋转轴，默认旋转角度为 360 度，也可以进行更改。创建的三维模型如图 11.2-6 所示。

**提示：注意旋转的轮廓要封闭且旋转轴不能在封闭轮廓内部，只能在边界或外部。**

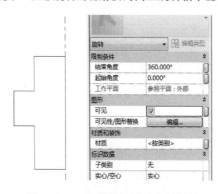 

图 11.2-5　绘制旋转图元与旋转轴　　　　　　图 11.2-6　旋转结果图

#### 4. 放样

首先绘制放样路径，然后在垂直于指定路径的面上绘制封闭轮廓，封闭轮廓沿路径从头到尾生成模型。点击【放样】按钮，绘制放样连续路径，如图 11.2-7 所示。然后点击【轮廓】，切换至与路径相垂直的平面视图，或者使用【工作平面查看器】直接定位与路径相垂直的平面视图，绘制放样轮廓，以六边形为例，如图 11.2-8 所示。放样的三维模型如图 11.2-9 所示。

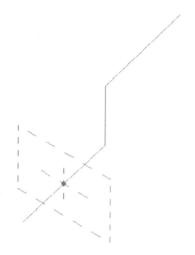

图 11.2-7　空间绘制的路径

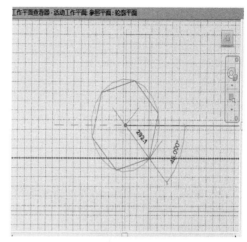

图 11.2-8　绘制路径上的轮廓

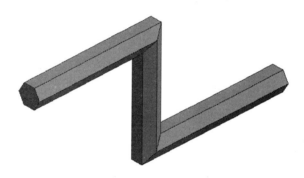

图 11.2-9　放样效果图

**5. 融合放样**

结合了放样和融合模型的特点，指定放样路径并分别给路径起点和终点指定不同的截面轮廓形状，两截面沿路径自动融合生成模型。点击【融合放样】按钮，绘制放样连续路径，如图 11.2-10 所示，切换至与路径相垂直的平面视图，或者使用【工作平面查看器】直接定位与路径相垂直的平面视图，以一端矩形、另一端六边形为例，如图 11.2-11 所示，放样的三维模型如图 11.2-12 所示。

使用"修改"选项卡"编辑几何图形"面板中的"剪切几何图形"和"连接几何图形"工具可以指定几何图形间剪切和连接关系。

Revit 提供 4 种几何图形编辑工具，"连接几何图形"工具可以将多个实心模型连接在一起，"取消连接几何图形"工具为分离已连接的实心模型，"剪切几何图形"工具为使用空心形式模型剪切实心形式模型，"不剪切几何图形"工具为不使用剪切空心模型。

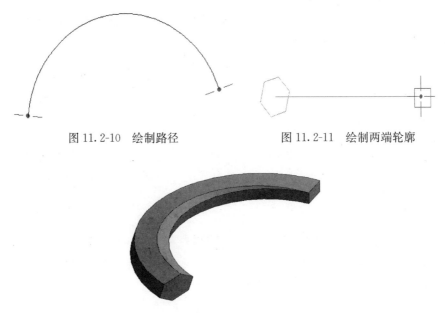

图 11.2-10  绘制路径          图 11.2-11  绘制两端轮廓

图 11.2-12  融合放样结果图

## 11.3  体量模型的创建

### 11.3.1  概念体量介绍

概念体量工具用于在项目前期概念设计阶段为建筑师提供灵活、简单、快速的概念设计模型。使用概念体量可以帮助建筑师推敲建筑形态，统计概念体量模型中建筑楼层面积、占地面积、外表面积等设计数据。可以根据体量模型表面创建建筑模型中的墙、楼板、屋顶等图元对象，完成从概念设计阶段到方案、施工图设计的转换。

概念体量模型中拥有强大的曲面设计功能，可以为项目中的复杂屋顶、墙体等提供设计对象。概念体量还可以对模型表面进行划分填充生成多种复杂的表面机理。配合使用表面填充图案，可以对体量模型进行有理化分析。

体量模型作为"族"类型的一种其操作模式与族构件的建立虽有相似之处，但还是有一定的区别的。运行 Revit→新建概念体量→打开公制体量模板→建立新的体量项目。体量作为特殊的"族"与普通族构件的样板文件不同，有其单独的样板文件。新建项目文件后的首要任务是建立要使用的标高。

关于标高的建立一方面可以利用和 Revit 普通项目文件相似的建立方法，即在立面图中配合临时尺寸标注建立需要标高；另一方面可以直接在三维视图中点击【创建】→【标高】，利用临时尺寸标注直接建立标高。

　　体量模型的操作与族构件的操作不同，族构件的模型生成划分较细，例如"拉伸、旋转、放样等"用户根据需要选择相应的即可，在体量模型中只有 一个按钮，其生成模型的类型是根据绘制的模型线之间的相互位置进行自动检测生成的。

## 11.3.2　体量模型的生成

　　体量模型建立的核心工具如下，建模步骤大致为：利用参照平面建立模型所需轮廓，通过模型线建立相应的尺寸轮廓，点击创建形状自动分析要生成的模型并建立。几种常用的模型分析原理：

　　➢ 拉伸：一个平面上的单一封闭轮廓。

　　➢ 旋转：位于同一平面内的直线和封闭轮廓生成规则曲面旋转；同一平面内的直线和曲线生成异型曲面旋转。

　　➢ 融合放样：一条空间路径且在路径上有垂直于路径的多个相同封闭的轮廓。

　　➢ 融合：互相平行的不同平面上的封闭轮廓或不封闭的轮廓。

　　➢ 放样：一个平面上的单一的非封闭的轮廓线；位于互相平行的不同平面内的非封闭轮廓。

　　➢ 放样融合：一条空间路径且路径上有垂直于路径的不同的封闭轮廓。

　　在模型的建立过程中比较复杂的是模型中点的定位、空心形状的剪切以及曲面的编辑填充。下面首先介绍空心形状的剪切及工作点的定位和应用。

　　在两不同标高内建立封闭轮廓，如图 11.3-1 所示，在三维视图上配合 Ctrl 键同时选择两轮廓点击 "创建形状按钮" 得到融合模型如图 11.3-2 所示，完成模型后点击创建面板中的 "模型" 创建，选择 "在面上绘制或标高上的绘制" 中的在面上绘制（选择此项可以直接在三维视图中绘制线）并勾选 "三维捕捉"（此项用于在三维视图绘制线条时自动捕捉中点、端点等）。

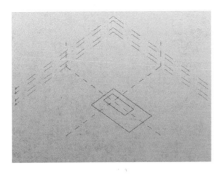

图 11.3-1　标高上绘制轮廓

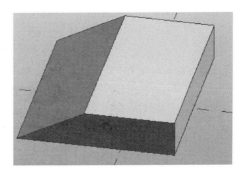

图 11.3-2　融合模型结果

在任意棱角处捕捉相邻三条边的中点绘制封闭模型线，点击创建空心形状，在创建空心形状时会有两种选择 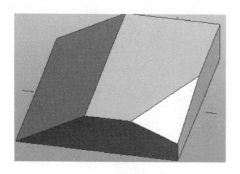 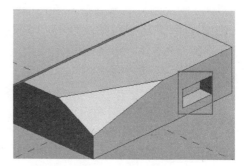 "空心体或空心平面"，如图 11.3-3 所示，根据需要选择空心体。在构件的内部建立空心体做法与上述做法类似。

切换到立面视图，利用模型线在构件上绘制相应轮廓，点击空心形状即可，如图 11.3-4 所示，这里创建的空心形状并不是贯通的需要点击空心形状修改尺寸或通过"剪切"功能来实现贯通。

图 11.3-3  在棱角创建空心体        图 11.3-4  创建空心剪切

图 11.3-3 中利用三维捕捉在三角形的顶点和中点绘制一条参照线，并在参照线上添加一个参照点，选中参照点并点击 ⬚ 查看器 按钮，如图 11.3-5 所示（该窗口视图将显示垂直当前平面的视图，方便绘制线条），在查看器显示的平面上任意绘制图形轮廓的属性。

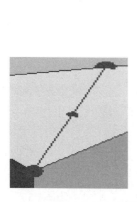
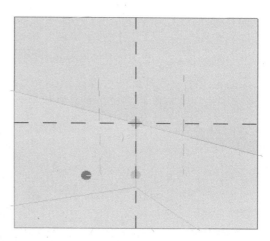

图 11.3-5  参照线与工作平面

设置拉伸的长度坐标，点击创建实心形状会沿着参照线生成拉伸形状。另外在三维空间中可以直接创建模型线和点，在点平面上绘制轮廓后，配合 Ctrl 键同时选中点和要拉伸的路径，点击创建实体形状会沿着规定路径生成模型。

## 11.3.3　UV 网格分割表面

　　UV 网格是利用非平面表面的坐标绘图网格，由于表面不一定是平面，因此绘制位置时采用 UVW 坐标系。这相当于平面上的 XY 网格，针对非平面表面或形状的等高线进行调整，即两个方向默认垂直交叉的网格，其投影对应的纬线方向时为 U，经线方向时为 V。

　　选择形状的体量上任意面，单击"修改/形式"上下文选项卡→"分割"面板→"分割表面"命令，状态栏设置如图 11.3-6 所示，U 网格编号为 10，V 网格编号为 10，即在 U、V 方向，网格分割数量均为 10，所选表面通过 UV 网格进行分割。

图 11.3-6　分割表面

　　图 11.3-7 所示分别为长方体表面，圆柱体表面和球体表面按照"编号"后的网格数平均分布后的显示。

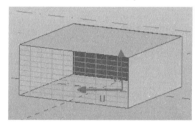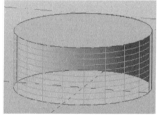

图 11.3-7　显示网格

　　**提示：UV 网格彼此独立，并且可以根据需要开启和关闭，选择分割后的表面，可以在"属性"面板中设置 UV 网格"布局""距离"等参数，如图 11.3-8 和图 11.3-9 所示。**

　　U，V 网格的数量可以通过"固定数量"和"固定距离"两种规则进行控制，规则可以在属性栏的"布局"和状态栏中进行设置。例如在状态栏中，"编号"用来设置"数量"，"距离"下拉列表可以选择"固定距离""最大距离""最小距离"并设置距离，如图 11.3-10 所示。

　　**提示：下拉菜单里"固定距离""最大距离""最小距离"分别对网格划分的影响：**

　　① **固定距离：表示以固定的间距排列网格，第一个和最后一个不足固定距离也自成一格。**

　　② **最大距离：以不超过最大距离的相等间距排列网格。**

③ 最小距离：以不超过最小距离的相等间距排列网格。

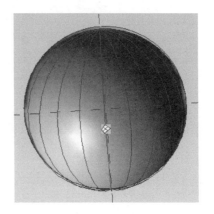

图 11.3-8　属性设置　　　　图 11.3-9　V 网格显示

图 11.3-10　最大距离、最小距离切换

## 11.3.4　分割面填充

分割表面后，可以基于分割后的单元格创建表面填充图案。Revit 提供了专用的填充图案集，包含了常用的六边形、八边形、错缝、菱形等 14 种填充图案，可以直接选择应用于填充分割表面。

**1. 创建表面填充图案**

选择尺寸为 24000×18500 的体量表面，在"属性"对话框 UV 网格"布局"和"编号"分别设置为"固定数量"和"10"，并在类型选择器下拉列表中选择填充图案，例如选择"1/2 错缝"，则该表面根据数量进行填充图案，如图 11.3-11 和图 11.3-12 所示。

**2. 编辑表面填充图案**

添加的分割面填充图案可以通过对话框中"对正""网格旋转"和"偏移量"进行修改。

图 11.3-11  填充图案属性

图 11.3-12  填充图案显示

（1）对正：在"布局"设置为"固定距离"时设置 UV 网格的对齐方式，可以设置"起点""中点""终点"三种样式，例如选中上图的填充表面，在属性栏 V 网格中"布局"和"间距"设置为"固定间距"和"2600"，如图 11.3-13 所示。分别调整对正方式"起点""中心""终点"，它们对填充图案的影响分别为：

➢ 起点：从左向右排列 V 网格，最右边有可能出现不完整的网格，如图 11.3-14 所示。

➢ 中心：V 网格从中心开始排列，有不完整的网格左右均分。

➤ 终点：从右向左排列 V 网格，最左边有可能出现不完整网格。

图 11.3-13　网格属性　　　　　　　图 11.3-14　网格填充图案（起点）

➤ 旋转：以 U 网格为例，选择填充图案表面，属性栏"网格旋转"设置为 60°网格旋转，如图 11.3-15 所示。

（2）偏移量：属性栏中"偏移量"数值的设置可为正值，也可为负值，调整 U 网格，正偏移时，图案向下移动，负偏移时，图案向上移动；调整 V 网格，正偏移时，图案向右移动，负偏移时，图案向左移动。选择填充图案表面。

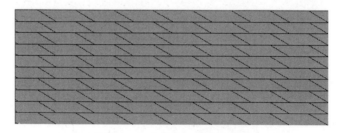

图 11.3-15　网格填充图案（终点）

## 11.4　体量的运用

### 11.4.1　体量楼层

在 Revit 中，使用体量楼层划分体量，可以在项目中定义的每个标高处创建体量楼层。体量楼层在图形中显示为一个在已定义标高处穿过体量的切面。体量楼层提供了有关切面上方体量直至下一个切面或体量顶部之间尺寸标注的几何图形信息，可以通过创建体量楼层明细表进行建筑设计的统计分析。

**1. 创建体量楼层**

新建项目，进入立面视图创建标高，如图 11.4-1 和图 11.4-2 所示，内建体量或者将创建好的体量族放置到标高 1。

图 11.4-1　创建楼层

图 11.4-2　创建体量

选择项目的体量，单击上下文选项卡"修改/体量"→"模型"画板→"体量楼层"工具，弹出的"体量楼层"对话框将列出项目中标高名称，勾选所有标高并确定，Revit 将在体量与标高交叉位置自动生成楼层面。如图 11.4-3 所示。

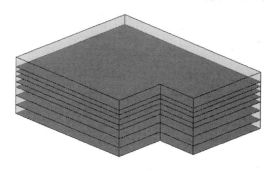

图 11.4-3　体量楼层

**提示：**如果体量的顶面与设定的顶标高重合，则顶面不会生成楼层，其面积包括在下一楼层的外表面积当中。

选中体量，在属性对话框中可以读取体量的"总楼层面积"、"总表面积"和"总体积"等信息，选中楼层后，可以读取"楼层周长""楼层面积""外表面积"和"楼层体积"等信息，如图 11.4-4 所示。

图 11.4-4　体量楼层信息读取

## 2. 体量楼层明细表

在创建体量楼层后，可以创建这些体量楼层的明细表，进行面积、体积、周长等设计信息的统计，并且如果修改体量的形状，体量楼层明细表会随之更新。

单击"视图"选项卡→"创建"面板→"明细表"下拉列表→明细表/数量→"体量楼层"，选择"建筑构件明细表"，单击"确定"按钮，如图 11.4-5 所示。

图 11.4-5　新建体量明细表

在"字段"选项卡上选择需要的字段，如图 11.4-6 所示，使用其他选项卡指定明细表过滤、排序和格式的设置。最后单击"确定"，该明细表将显示在绘图区域中，如图 11.4-7 所示。

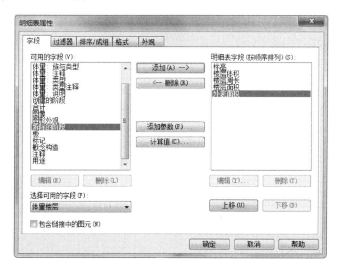

图 11.4-6　体量明细表字段

| <体量楼层明细表> | | | | |
|---|---|---|---|---|
| A | B | C | D | E |
| 标高 | 楼层体积 | 楼层周长 | 楼层面积 | 外表面积 |
| 标高 1 | 14671.14 | 271427 | 3667.79 | 1085.71 |
| 标高 2 | 11370.13 | 271427 | 3667.79 | 841.42 |
| 标高 3 | 17972.15 | 271427 | 3667.79 | 1329.99 |
| 标高 4 | 13570.81 | 271427 | 3667.79 | 1004.28 |
| 标高 5 | 9169.46 | 271427 | 3667.79 | 678.57 |
| 标高 6 | 17238.59 | 271427 | 3667.79 | 1275.71 |
| 标高 7 | 11003.36 | 271427 | 3667.79 | 814.28 |
| 标高 8 | 15037.92 | 271427 | 3667.79 | 4780.63 |

图 11.4-7　体量楼层明细表

## 11.4.2　面模型的应用

完成概念体量模型后，可以通过"面模型"工具拾取体量模型的表面生成的幕墙、墙体、楼板和屋顶等建筑构件。

### 1. 面楼板

在三维视图中，单击"体量和场地"选项卡→"面模型"面板→"楼板"工具，如图 11.4-8 所示，在属性栏选择楼板类型为"常规－150mm"，在绘图区域单击体量楼层，或直接框选体量，单击上下文选项卡"修改/放置面楼板"→"多重选择"面板→"选择楼板"工具，如图 11.4-9 所示，所有被框选的楼层将自动生成"常规－150mm"的实体楼板，如图 11.4-10 所示。

图 11.4-8　体量楼板

图 11.4-9　选择楼板

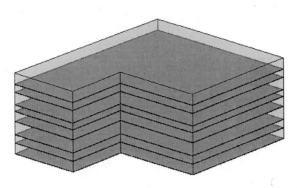

图 11.4-10　体量生成楼板

### 2. 屋面顶

单击"体量和场地"选项卡→"面模型"面板→"屋顶"工具，在绘图区域单击体量的顶面，在属性栏选择屋顶类型为"常规-400mm"，单击"修改/放置面屋顶"上下文选项卡→"多重选择"面板→"创建屋顶"工具，顶面添加屋顶实体，如图 11.4-11 所示。

### 3. 面幕墙系统

单击"体量和场地"选项卡→"面模型"面板→"幕墙系统"工具，属性栏选"幕墙"并设置网格和竖梃的规格等参数属性，如图 11.4-12 所示。

在绘图区域依次单击需要创建幕墙系统的面，并单击"修改/放置面幕墙系统"选项卡→"多重选择"面板→"创建系统"工具，即在选择的面上创建幕墙系统，如图 11.4-13 所示。

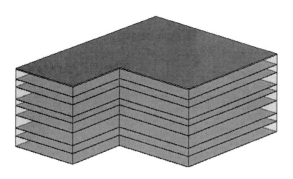

图 11.4-11　体量生成屋顶

图 11.4-12　幕墙类型属性对话框

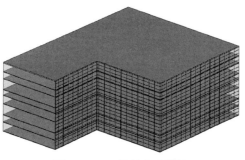

图 11.4-13　体量生成幕墙

**4. 面墙**

单击"体量和场地"选项卡→"面模型"面板→"墙"工具，只要在绘图区域单击需要改建的墙体的面，即可生成面墙，如图 11.4-14 所示。

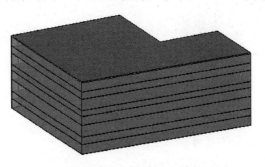

图 11.4-14　体量生成面墙

提示：通过体量面模型生成的构件只是添加在体量表面，体量模型并没有改变，可以对体量进行更改，并可以完全控制这些图元的再生成。单击关闭"体量和场地"选项卡→"概念体量"面板→"显示体量"则体量隐藏，只显示建筑构件，即将概念体量模型转化为建筑设计模型。

# 第 12 章　应用注释、视图与图纸处理

【导读】

　　本章主要介绍在各视图中标注的建立，剖面图的生成，施工详图与构件大样图的生成以及如何导出 CAD 文件。

　　第 1 节讲解了在平面视图中标注的添加方法，包括尺寸标注和高程点标注。

　　第 2 节讲解了剖面图与详图的创建方法。

　　第 3 节讲解了图纸的生成。

　　在完成前面几个章节的项目模型建立后，可以在各个视图中添加尺寸标注、高程点、文字、符号等注释信息，进一步完成施工图设计中需要注释的部分。同时 Revit 既可以将项目中多个视图或明细表布置在同一个图纸视图中，也可以将项目中的视图、图纸打印或导出为 CAD 文件格式与其他 BIM 软件用户的数据进行交换。

　　在施工图中按视图表达的内容和性质分为平面视图、立面图、剖面图和大样详图。前面几章节的建模介绍是在不同视图情况下综合完成的，本章节将介绍在各视图中标注的建立，剖面图的生成，施工详图与构件大样图的生成以及如何导出 CAD 文件。

## 12.1　平面视图中的标注

　　在平面视图中首先要标注的是"三大尺寸线"，即总尺寸、轴网尺寸、门窗平面定位尺寸。另外还需要标明各个构件的定位尺寸，平面图中各楼板、室内外标高以及坡度信息等，在首层视图中还应添加指北针等符号来指示方向。本小节将介绍在平面视图中的各尺寸方位标注信息。

### 12.1.1　添加尺寸标注

　　打开任意项目文件，点击【注释】选项卡，会出现"对齐、线性、角度、径向、直径、弧长"六种尺寸标注，如图 12.1-1 所示，要说明的是"对齐"尺寸标注用于沿互相平行的图元之间的标注，而线性尺寸标注用于标注选定的任意两

点之间的尺寸线，注意区分二者之间的区别。

点击"对齐"工具切换到"修改｜放置尺寸"上下文选项卡。点击属性面板中的"编辑类型"按钮（以上操作可以直接点击【注释】工具栏中的标注下拉菜单中的线性尺寸标注设置来实现，如图 12.1-2 所示）来到类型属性对话框，如图 12.1-3 所示。在此设置标注样式包括"线宽、引线长度、颜色"等，需重点说明的是"等分公式"的应用，如图 12.1-4 所示相同尺寸的等分公式的应用。

图 12.1-1　标注工具　　　　　图 12.1-2　尺寸标注设置

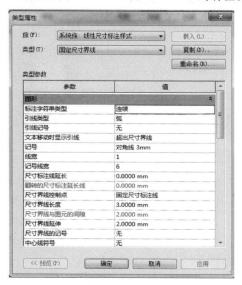

图 12.1-3　类型属性对话框

使用对齐、线性或圆弧等尺寸标注类型的相等公式，可以为多段相同尺寸标注提供替换的单个标签。例如上图 12.1-4 所示中有 3 个连续的 7200 的轴

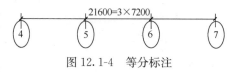

图 12.1-4　等分标注

网，希望标注一个 21600＝3×7200 的标签，而不是 3 个 7200 或 EQ 的标签。此处需要利用"等分公式"功能来实现。

**Step1：**以图 12.1-4 所示样式的等分为例进行标注。在图 12.1-3 所示类型属性对话框中"其他"分类栏中找到"等分公式"按钮，打开对话框，如图 12.1-5 所示。

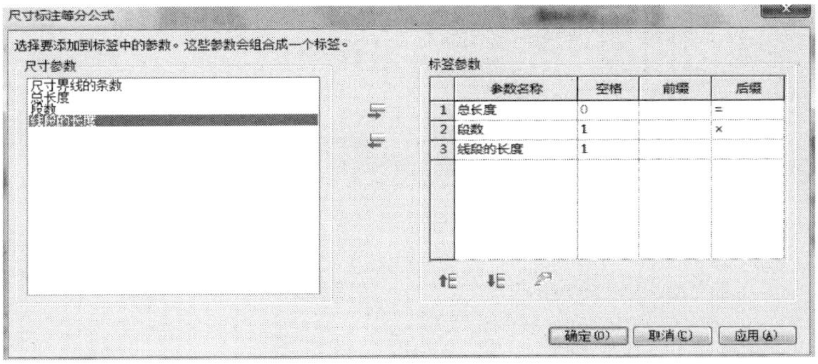

图 12.1-5　等分公式对话框

**Step2**：进入对话框以后首先要确定采用的模式，本节采用"总长＝段数×每段的长度"，公式中各个条件之间的顺序可以相互调整，把左边"尺寸参数"中的参数通过 按钮逐次添加到右面"标签参数"栏中。公式中的加号等数学符号通过添加到"标签参数"栏中的后缀或前缀来实现。建立好公式后点击确定退出类型属性对话框，回到"修改｜放置尺寸标注"状态。

**Step3**：利用尺寸标注标注三个相同连续且平行的轴网会出现三份 7200 的标注，选中 7200 的标注，点击属性面板，在"其他"选项栏中的"等分显示"中选择"等分公式"确定即可。

## 12.1.2　添加高程点和坡度

在施工平面图中除表达各构件之间的定位尺寸关系外，还需标注楼层、楼梯、屋顶等构件的标高和坡度等。可以使用 Revit 提供的"高程点"工具来进行高程点和坡度的标注。

**Step1**：点击"注释"选项卡"尺寸标注"面板中的"高程点"工具，自动切换到"修改｜放置尺寸标注"上下文选项卡。类似水平尺寸标注点击属性面板中的"类型编辑"按钮切换到"类型属性对话框"，如图 12.1-6 所示。

**Step2**：进入类型属性对话框

图 12.1-6　高程点类型属性对话框

图 12.1-7　高程标注单位设置

可以修改"引线线长、线宽、颜色"等所有和高程标注有关的条件。其中文字列表中有一项"单位"设置，如图 12.1-7 所示。通过此设置实现高程点标注中单位与有效小数的设置。设置完成后点击确定关闭类型属性对话框。

**Step3**：完成条件设定后，在"显示高程"列表中选择需要的类型（包括实际高程、底部高程、顶部高程、底部和顶部高程四种类型），适当放大要标注高程点的图元，放置高程点即可。

高程点中还包括坡度标注，仅需按照上述方法标注即可，如在标注完成后标注图标过大或过小，可以通过界面左下角的视图比例设定来进行调整。

## 12.2　剖面图与详图的创建

### 12.2.1　剖面图的创建

在 Revit 中生成建立剖面有两种方式，一是利用"剖面框"工具，该种工具仅是为了查看模型内部视图，并不生成具体图纸；二是利用"剖面视图"工具，剖切视图中相应的部位，建立参照剖面，并生成单独的剖面视图。本小节将介绍剖面图的应用与建立。

首先介绍剖面框的应用，剖面框一般应用于三维视图中。打开一个项目文件切换到三维视图，点击【属性】面板，在属性面板的"范围"栏中找到"剖面框"勾选打开，如图 12.2-1 所示。点击确定会发现三维视图中出现矩形框如图 12.2-2 所示。

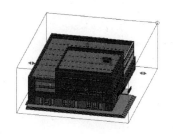

图 12.2-1　属性面板中的剖面框　　　　图 12.2-2　三维视图中的剖面框

在三维视图中选中剖面框，出现可拉伸的三角形符号，通过此符号拉伸剖面框各个方向的相对位置。剖面框的边界线切入到三维模型的内部时会出现剖切面，适当调整三维视图方向可直观观察模型内部的剖面。除在三维视图中可修改剖面框外，在立面视图和平面视图中也可以进行同样修改。

下面介绍参照剖面视图的建立，参照剖面可以应用在平面视图、立面视图、剖面视图、绘图视图和详图索引视图中。

切换到要做参照剖面的视图，点击【视图】面板，选择剖面，切换到"修改｜剖面"上下文选项卡，直接在需要剖切的方位绘制剖面线即可，绘制剖面线后可以根据需要改变剖面视角的正反两个方向。

在平面视图中绘制参照剖面线时可以绘制纵横两个方向，但在立面视图中只能绘制竖向的剖面参照线。为解决这一问题，需要在绘制完竖向剖面参照线后利用旋转工具进行 90 度旋转。在绘制完参照剖面线后，在项目浏览器中会自动创建"剖面视图"视图并创建名称为"剖面图 0"的剖面视图（剖面图的编号从 0 开始自动排列），双击"剖面图 0"会切换到详细的剖面图，可以进行标注、修改等工作。

## 12.2.2  详图的创建

详图的绘制方式有三种，即"三维"、"二维"、"三维＋二维"。对于像楼梯详图、卫生间这类的详图，由于模型建立时基本信息已经完善，可通过详图索引直接生成详图，并且索引视图和详图视图模型图元是完全关联的。对于一些节点大样，例如屋顶挑槽，大部分主体模型已经建立，只需在详图视图中补充一些二维的图元即可，此时详图视图与三维视图部分是关联的。有些节点大样图无法用三维表达或无法利用已有 dwg 图纸，再生成详图是需要采用二维图元的方式单独绘制，以满足出图的要求。在实际工作中大部分采用"三维＋二维"的方式建立详图视图，下面将介绍详图的创建方法。

**Step1**：根据 Revit 提供的详图索引工具，可以将现有视图进行局部放大用于生成索引视图，并在索引视图中显示模型图元对象。运行 Revit，打开相应的项目文件，切换至平面视图。

**Step2**：在【视图】选项卡的"创建"面板中单击"视图索引"工具，系统自动切换至"详图索引"上下文选项卡。设置当前索引视图类型为"楼层平面：楼层平面"，打开"属性"面板中的类型属性对话框，修改族为"系统族：详图视图"，复制并重命名需要的详图名称。并根据要求更改类型属性对话框中其他标题栏中的数据，如图 12.2-3 所示。

提示：如应用"楼层平面"视图在建立详图后，在项目浏览器中详图标题将出现在相应的楼层平面标题下。

**Step3**：通过视图索引框圈出要建立详图的图元，如图 12.2-4 所示，双击索

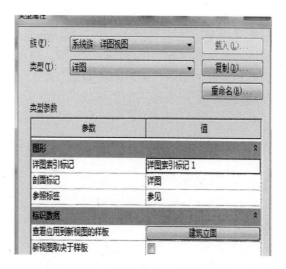

图 12.2-3　详图视图类型属性对话框

引框的圆形标题栏可直接切换到详图视图中。在详图视图中可通过"属性"面板中的裁剪框或手动调节视图框的范围使详图达到最佳位置。

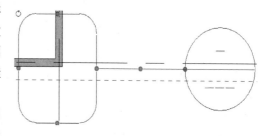

图 12.2-4　详图索引框

**Step4：** 为完善详图可为详图添加折断线，但必须载入"折断线族"，通过放置构件在适当位置放置折断线即可。当详细视图需要添加二维图元时，通过【插入】—载入族。载入相应的图元放置在合适位置即可，但要注意放置二维图元的标高要与索引视图的参照视图标高一致，否则会产生无法显示的错误。

**Step5：** 在详细视图中同样可以进行尺寸标注，高程放置等操作。最后通过"属性面板"来修改详图的名称，视图样板等信息。

## 12.3　图纸的生成

在项目模型建立完成后需要生成相应的图纸输出为施工图，另外图纸的生成也作为 BIM 建模考核中的一部分，需要读者掌握。在 Revit 中可以把每一层平面视图、每一个详细视图单独生成图纸，也可以把多个视图放置在一张图纸上。本节将介绍 Revit 中施工图纸的建立过程。

**Step1：** 运行 Revit，打开一个建立好模型的项目文件，并在项目浏览器中打开相应的楼层平面，立面视图。

Step2：在"视图"选项卡的
"图纸组合"面板中点击"新建图
纸"工具，弹出新建图纸对话框，
如图 12.3-1 所示，点击对话框中的
"载入"按钮载入需要的 A0、A1 图
纸。在对话框中选择需要的图纸
（以 A0 图纸为例），点击确定按钮。
切换至 A0 图纸界面，并且在项目浏
览器的图纸栏中自动创建一个未命
名的图纸视图（此图纸视图名称按
顺序进行编号排列）。

Step3：在"视图"选项卡的
"图纸组合"面板中单击"视图"工
具（图 12.3-2），弹出视图对话框，
在视图列表中列出当前项目所有可
用的视图，如图 12.3-3 所示。选择
要生成图纸的视图，点击"在图纸

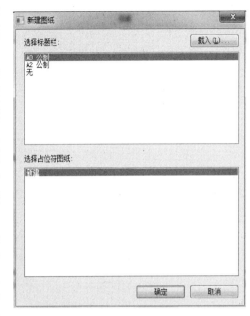

图 12.3-1　新建图纸

中添加视图"按钮，Revit 在图纸上给出相应的视图预览，确认选项栏"在图纸
上旋转"为"无"，显示范围位于图纸的范围时单击放置，放置相应视图。

Step4：在图纸中放置的视图的信息称为"视口"，在生成图纸的同时一般会
在左下角生成视口的标题，如图 12.3-4 所示默认以该视图的视图名称命名该视
口。在视图的属性面板中打开"裁剪视图"功能使裁剪框删掉多余的图元信息，
使图面更加规整。

图 12.3-2　视图工具　　　　　　图 12.3-3　视图选择

**Step5**：图纸中视口的标题是默认的，为满足要求需要修改为自定义的标题。点击【插入】载入相应的视图标题轮廓族。选择图纸视图中的视口标题，打开属性面板中的"属性类型"对话框，复制并重命名载入的标题轮廓族，在参数栏中设置需要的参数即可如图 12.3-5 所示，单击确定退出属性类型对话框，到此已经把标题样式修改完毕可直接把标题拖动至合适位置。最后在属性栏中更改为合适的名称。

**Step6**：在"注释"选项卡的"详图"面板中单击"符号"工具，进入"放置符号"上下文选项卡。在属性面板中设置当前符号类型为"指北针"，在图纸视图的右上角空白位置放置指北针即可。

**Step7**：使用类似的方法可创建其余楼层的平面、立面及剖面图纸。另外，在视图大小范围允许的情况下，一张图纸中可以放置多个视图的图纸。除上述的放置方法外还可以使用直接拖拽的方法更加快速地实现图纸的生成。打开相应的图纸状态，通过"项目浏览器"找到相应的视图，单击视图并按住鼠标左键不放拖入到图纸视图中选择合适的位置放置即可。

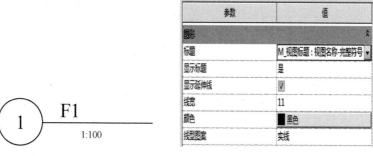

图 12.3-4　视口标题　　　　　　　　图 12.3-5　类型属性参数

**Step8**：最后要介绍的是在视图中有一类详图视图，在把详图视图与其相应的平面视图一起放置在同一张图纸时，采用"标题视图-分数式-有图名"的标题，详图的标题会自动根据视图所在图纸的详图编号及其参照图纸（索引视图）填充分子分母，与制图规范保持一致。

**Step9**：在完成所有视图的图纸建立后要载入"建筑设计说明"图纸。在【插入】选项版卡中的"导入"面板单击"从文件插入"下拉列表，在列表中选择"插入文件中的视图"工具，弹出"打开"对话框，选择相应的设计说明文件，单击"打开"按钮，弹出"插入视图"对话框，设置"视图"内容显示为"显示所有视图和图纸"，在视图列表中勾选全部视图，单击"确定"按钮，插入所选视图。当提示与当前项目存在"重复项目"对话框时，单击"确定"按钮。值得注意的是建筑说明包括所有的视图图纸目录，当对其中一张图纸进行修改或删除操作时，目录中会自动更新相应的目录。

# 参 考 文 献

[1] 何关培，王轶群，应宇垦．BIM 总论[M]．北京：中国建筑工业出版社，2011．

[2] BIM 工程技术人员专业技能培训用书编委会．BIM 技术概论(第二版)[M]．北京：中国建筑工业出版社，2018．

[3] BIM 工程技术人员专业技能培训用书编委会．BIM 建模应用技术(第二版)[M]．北京：中国建筑工业出版社，2018．

[4] 廖小烽，王君峰．Revit 建筑设计火星课堂[M]．北京：人民邮电出版社，2013．

[5] 刘占省，赵雪峰．BIM 技术与施工项目管理[M]．北京：中国电力出版社，2015．

[6] 夏彬．Revit 全过程[M]．北京：清华大学出版社，2016．